瓦楞纸箱
生产实务

WALENG ZHIXIANG SHENGCHAN SHIWU

黄跃荣 编 著

U0285549

化学工业出版社
·北京·

本书从瓦楞纸箱纸盒主要原辅材料、黏合剂、纸箱设计与生产工艺安排、瓦楞纸板生产、纸箱印刷、纸箱成型及其他工艺、纸箱模切、瓦楞纸板与瓦楞纸箱质量要求、纸箱生产质量控制、瓦楞纸箱生产排程、纸箱生产设备、安全生产、材料保管、相关人员素质要求等方面进行了介绍。

　　本书可供纸箱、纸盒从业相关人员学习之用，也可供大中院校学生学习参考，并可用作纸箱生产企业培训员工的教材。

图书在版编目（CIP）数据

瓦楞纸箱生产实务/黄跃荣编著 . —北京：化学工业出版社，2015. 6（2023.3 重印）
ISBN 978-7-122-23924-2

Ⅰ.①瓦⋯　Ⅱ.①黄⋯　Ⅲ.①包装箱-包装纸板-生产工艺　Ⅳ.①TS764.5

中国版本图书馆 CIP 数据核字（2015）第 097204 号

责任编辑：张　彦　　　　　　　文字编辑：刘志茹
责任校对：王素芹　　　　　　　装帧设计：孙远博

出版发行：化学工业出版社（北京市东城区青年湖南街 13 号　邮政编码 100011）
印　　装：北京七彩京通数码快印有限公司
710mm×1000mm　1/16　印张 13　字数 220 千字　2023 年 3 月北京第 1 版第 3 次印刷

购书咨询：010-64518888　　　　　售后服务：010-64518899
网　　址：http://www.cip.com.cn
凡购买本书，如有缺损质量问题，本社销售中心负责调换。

定　　价：68.00 元　　　　　　　　　　　　　版权所有　违者必究

FOREWORD　　前言

　　瓦楞纸箱是包装行业的主力军，承担着对产品和商品的包装、保护、运输和仓储的主要角色。到目前为止，还没有一本专为瓦楞纸箱生产企业培训员工而出版的书籍。目前的纸箱生产企业规模普遍不大，人员素质需进一步提高，在纸箱从业者中，具有全面瓦楞纸箱生产经营知识者较少。一个企业要想生产出高质量的产品并提高企业的经济效益，就需要有一批高素质的员工队伍，用高素质人员经营企业。

　　编著此书的目的是为在纸箱行业谋生的人员全面提高自己的工作水平提供助力，为准备到纸箱行业就业的新人在进入行业前铺路。本书可供纸箱行业的从业人员自学之用，也可用作纸箱生产企业培训员工的教材，同时可供大中院校学生学习参考。

　　通过对本书的学习，可熟悉瓦楞纸箱生产原辅材料的特点、性能，清楚生产工艺要求；知道相关标准的指标项目，了解设备的工作原理、调试保养、维修常用方法；掌握各岗位的应知应会知识，能对常见问题处理方法举一反三，快速获得相应的瓦楞纸箱生产知识。本书让读者进入工作状态后能快速进入角色，并提高自己的工作效率与工作业绩。

　　本书在编著过程中参考了部分相关资料，并得到化学工业出版社编辑的指导和帮助，让笔者收获颇丰，在此表示衷心的感谢。因笔者水平有限，书中挂一漏万和不足之处在所难免，敬请广大读者批评指正。

编著者

2015 年 5 月

CONTENTS 目录

第一章 瓦楞纸箱纸盒生产主要原辅材料

生产瓦楞纸箱所用原材料主要有原纸（如箱纸板、瓦楞原纸、涂布白板纸）、黏合剂（如天然淀粉类黏合剂和人工合成树脂黏合剂）、印刷用墨（水墨、水可洗墨、油墨、色浆等）、印刷版（树脂版、橡胶版、丝网版）、纸箱装钉用扁丝（主要有镀锌扁丝和镀铜扁丝）、纸箱防潮材料（有水溶型和有机溶剂型）、包装用聚酯捆扎带、表面覆合用膜等。

第一节 原 纸

一、原纸质量要求

原纸的质量要求因其使用对象、环境和功能的不同，其质量指标要求也不一样，这里着重介绍生产瓦楞纸箱纸盒所用原纸的性能指标与质量要求。如生产瓦楞纸板、纸箱、纸盒所用原纸的物理性能、外观质量和表面性能，对瓦楞纸板、瓦楞纸箱、纸盒生产质量的影响。

1. 原纸的物理性能指标

原纸的物理性能有如下一些指标，会直接影响瓦楞纸板和瓦楞纸箱、纸盒的加工质量、使用质量、物理性能、外观质量和经济核算指标。

（1）定量 表示纸或纸板每平方米的质量，以每平方米多少克(g/m^2)表示。

原纸定量是瓦楞纸箱、纸盒生产一个重要的考核指标，它涉及原纸的采购价格（原纸是按重量销售的）、原纸的物理指标（如原纸的环压强度、耐破强度、抗张强度和撕裂强度等都与定量有关）、瓦楞纸箱纸盒生产成本的核算（纸箱价格是以单位面积进行成本价格核算的，定量越高其原纸的表面积越少）、瓦楞纸板的边压强度和瓦楞纸箱的抗压能力等。因此纸箱生产企业，要对定量指标严格从材料入厂、产品报价、组织生产、成品质量检验等方面进行认真考核和控制。

（2）水分 按照规定将原纸试样干燥至恒重时，减少的质量对原试样质量之比，以百分率表示。

原纸中的水分含量对纸箱加工有如下影响：原纸水分含量过大或水分含量不均匀，会使单面机或瓦楞纸板生产线的生产机速提不高，电能、热能消耗量增加，加工成瓦楞纸板出现横向收缩率过大，并导致瓦楞纸板出现各种不同程度的翘曲，同时瓦楞定型、瓦楞纸板黏合效果也会受到影响。水分过大还会引起瓦楞纸板和瓦楞纸箱物理强度下降。另外原纸是以重量计算的，水分过高对纸箱生产企业来讲，无疑等于出钱在买水。因此原纸的水分，是瓦楞纸箱生产中一个要严格控制的指标。

（3）规格　一般指原纸的尺寸或幅宽。卷筒纸为卷筒的幅宽，夹板纸是长和宽的尺寸，以毫米表示。

纸箱的生产成本主要在原纸，因为纸箱生产成本的70%是原纸。如果原纸规格过宽会造成原纸利用率降低，浪费增加；过窄会造成无法使用或出现大量废次品。所以原纸规格是瓦楞纸箱生产中一个不可缺少的控制指标。

（4）环压强度　原纸环压强度分纵向环压强度和横向环压强度。横向环压试验品的取样方法是，沿纸的纵向切取长152mm±0.25mm、宽12.7mm±0.25mm的试样，插入环形试样座内，放在两测量板之间进行压缩，测得的最大力即为横向环压强度。在几个原纸国家标准中，已将环压强度改为环压指数表示（N·m/g），原纸的环压强度对瓦楞纸板的边压强度和瓦楞纸箱的抗压强度影响较大。因此用单面机或自动线生产瓦楞纸板，就要着重考核原纸横向环压强度值。此指标越高越好。此指标越高生产出的瓦楞纸板边压强度就越高。

（5）抗张强度　表示纸或纸板所能承受的最大张力（也就是平常所说的拉断力）。

在制造瓦楞纸板时，成吨重的卷筒纸被上下两条瓦楞辊的单根瓦楞夹住后往前拉着走，为了瓦楞成型良好、纸板跑得平整，防止高低瓦楞和纸板黏合不良，还要在卷纸架上对卷筒纸施加一定的阻力，由此可见单层原纸所受的拉力之大。另外纸箱摇盖的耐折能力和纸箱的箱身四条棱对原纸的抗张强度要求也较高。因此原纸的抗张强度也是瓦楞纸箱生产要考核的一个重要质量指标。

（6）吸收性能　指纸或纸板在接触一种液体时，对这种液体的吸收能力，以每平方米吸收多少克表示（g/m²），如原纸吸收黏合剂、印刷水墨、油墨和防潮剂与上光油的性能。

（7）耐破度　是纸与纸板在一定面积下，以匀速加压直至破裂时所能承受的最大压力，其耐破指数以千帕平方米/克表示（kPa·m²/g）。耐破度是瓦楞纸板要考核的一个重要指标，反映瓦楞纸板或纸箱在承受硬物顶破时的承受能力，因瓦楞纸板耐破强度的大小取决于原纸耐破强度的大小，所以原纸的耐破强度也是要考核的一个指标。

（8）耐折度　测定纸和纸板横向或纵向所承受反复折叠的次数，来表示耐折度。此指标主要是考核将原纸做成产品后，对纸箱、纸盒的摇盖、转角处的耐折叠能力。

（9）白板纸的白度　每一批涂布白板纸的白度必须一致，当出现白度不同时，会出现印出的图案色彩不一致和色相上的差异。

（10）紧度　指纸和纸板在每立方厘米内的质量（g/cm³）。紧度能影响纸的多项物理性能，如纸的紧度低，则透气度高，挺度低，紧度高则纸的抗张强度高，撕裂度高，透明度高。

（11）厚度　表示纸和纸板厚薄的程度，用毫米表示。

（12）纸的纵横向　它是指纸张纤维组织排列的方向，在抄纸过程中，纤维顺沿造纸机运行的方向为纸的纵向，它可以从网痕呈现的锐角来识别。垂直于纵向的为横向。纸的横向收缩率大于纵向，且用不同原料抄造的原纸在瓦楞纸板自动线上出现的收缩率差异较大。而纸的环压强度则纵向大于横向。

2. 原纸的外观质量

原纸的某些外观质量，对瓦楞纸板和瓦楞纸箱的加工工艺、加工性能（如印刷性能）、加工质量（物理质量和外观质量）都有较大影响，需要严格控制。

① 易导致单面机或自动线出现断纸和停机毛病的有，卷筒纸内的断头未接好，纸面有破洞、损伤，卷筒纸的边缘有破损或出现裂口、毛刺、毛边，卷筒纸被摔扁并同时出现筒芯瘪塌。

② 易导致单面机或自动线生产出的瓦楞纸板出现高低瓦楞和露楞毛病的有浆疙瘩、草节、硬质杂物、折子（分死折和活折）、厚薄不均匀、鱼鳞斑。

③ 影响印刷质量并导致瓦楞纸板和瓦楞纸箱出现外观质量毛病的有折子、皱纹、破洞、纸的厚薄不均匀、鱼鳞斑、浆疙瘩、草节、硬质杂物、另外，挂面纸的挂面层出现分层、起泡、挂面层不均匀和露底浆、毛布痕或条痕、斑点、尘埃、掉粉、掉毛以及纸的表面颜色不一致等也会导致瓦楞纸板（箱）出现外观质量毛病。

④ 如果原纸毛病正好处在瓦楞纸箱的箱身，则会造成纸箱的抗压强度下降（如破洞、厚薄不均匀、有鱼鳞斑）。

3. 原纸的表面性能

原纸的表面性能对印刷和产品装卸搬运质量有一定的影响，主要反映在以下几个方面。

（1）平滑度　表示纸表面平整的程度，纸张表面凸凹不平的现象与纤维结构有关。纸张的平滑度对印刷品的印刷质量影响较大，如图像的印刷清晰度和色泽的表现效果。精细彩色印刷品尤其要求所用原纸有较高的平滑度。

（2）原纸表面强度　此指标主要考核原纸在印刷过程中，纸的表面经受油墨的黏性而将纸表面的纤维拉毛，导致掉粉的性能。拉毛、掉粉容易产生印刷野墨，且纸灰纸粉还容易堵塞印刷版等（俗称糊版）。

（3）耐摩擦性能　耐摩擦性能不好的原纸，在印刷和制成产品后的搬运时会产生表面分层擦脱现象。

（4）纸的正反面　造纸时，纸浆附着于铜网以过滤脱水的方式定形，这样贴网的一面由于细小纤维和填料随水流失，会留下网痕，纸面就较粗，而另一面没有靠网则较细密、平滑。这样使纸形成了正反面差，生产中虽经过烘干、压光，正反仍有差异。纸张正反面的平滑度及吸收性能有一定的差异。对印刷的清晰度，对墨、黏合剂、防潮剂的吸收性能也有差异。在生产中一定要认真仔细识别，并按要求使用纸的正反面。

二、　生产瓦楞纸箱纸盒常用的原纸品种

1. 箱纸板

箱纸板俗称箱板纸，是生产瓦楞纸箱、纸盒的主要材料之一，因生产箱纸板所用原料和具体工艺的差别，其箱纸板的性能指标也有所不同。箱纸板物理性能最好的是牛皮箱纸板（俗称牛皮卡），该箱纸板在配浆中占80％以上的是硫酸盐木浆且正反面色泽相近，其次是用棉秆、麻秆、芦苇浆、麦草、废纸等为底浆或中层浆，在表面挂有两层或一层硫酸盐木浆抄造的箱纸板，称为牛皮挂面箱纸板。普通箱纸板是未用硫酸盐木浆抄造的箱纸板。因此普通箱纸板、牛皮挂面箱纸板和牛皮箱纸板的名称由此而来。

普通箱纸板、牛皮挂面箱纸板按质量分为优等品、一等品及合格品三个等级，其中优等品适用于制造重型、精细、贵重及冷藏物品包装用的瓦楞纸板；一等品适用于制造一般物品包装用的瓦楞纸板；合格品适用于制造轻载瓦楞纸板。

牛皮箱纸板分为优等品、一等品适用于制造重型、精细、贵重及冷藏物品包装用的瓦楞纸板。

成品箱纸板分平板纸和卷筒纸两种。

箱纸板（GB/T 13024）技术指标应符合表 1-1 规定，牛皮箱纸板应符合表 1-2 的规定。

表 1-1 箱纸板的技术指标

指标名称		单位	规定		
			普通箱纸板和牛皮挂面箱纸板		
			优等品	一等品	合格品
定量①		g/m²	125±7 160±8 180±9 200±10 220±10 250±11 280±11 300±12 320±12 340±13 360±14		
横幅定量差 ≤	幅宽≤1600mm	%	6.0	7.5	9.0
	幅宽＞1600mm		7.0	8.5	10.0
紧度 ≥	≤220g/m²	g/cm³	0.70	0.68	0.65
	＞220g/m²		0.72	0.70	0.65
耐破指数 ≥	＜160g/m²	kPa·m²/g	3.30	3.00	2.20
	(160~＜200)g/m²		3.10	2.85	2.10
	(200~＜250)g/m²		3.00	2.75	2.00
	(250~＜300)g/m²		2.90	2.65	1.95
	≥300g/m²		2.80	2.55	1.90
横向环压指数 ≥	＜160g/m²	N·m/g	8.60	7.00	5.50
	(160~＜200)g/m²		9.00	7.50	5.70
	(200~＜250)g/m²		9.2	8.00	6.00
	(250~＜300)g/m²		10.6	8.50	6.50
	≥300g/m²		11.2	9.00	7.00
横向短距压缩指数②≥	＜250g/m²	N·m/g	20.2	19.2	18.2
	≥250g/m²		16.4	15.4	14.2
横向耐折度 ≥		次	60	35	12
吸水性（正/反） ≥		g/m²	35.0/70.0	40.0/100.0	60.0/200.0
交货水分		%	8.0±2.0	9.0±2.0	

①本表规定外的定量，其指标就近按插入法考核。
②横向短距压缩指数，不作为考核指标。

表 1-2 牛皮箱纸板的技术指标

指标名称		单位	规定	
			牛皮箱纸板	
			优等品	一等品
定量①		g/m²	125±6 160±7 180±9 200±10 220±10 250±11 280±11 300±12 320±12 340±13 360±14	
横幅定量差 ≤	幅宽≤1600mm	%	6.0	7.0
	幅宽＞1600mm		7.0	8.0
紧度 ≥	≤220g/m²	g/cm³	0.70	0.68
	＞220g/m²		0.72	0.70

续表

指标名称		单位	规定	
			牛皮箱纸板	
			优等品	一等品
耐破指数 ≥	<160g/m²	kPa·m²/g	3.4	3.20
	(160～<200)g/m²		3.30	3.10
	(200～<250)g/m²		3.20	3.00
	(250～<300)g/m²		3.10	2.90
	≥300g/m²		3.00	2.80
横向环压指数 ≥	<160g/m²	N·m/g	9.00	8.0
	(160～<200)g/m²		9.50	9.0
	(200～<250)g/m²		10.0	9.2
	(250～<300)g/m²		11.0	10.0
	≥300g/m²		11.5	10.5
横向短距压缩指数② ≥	<250g/m²	N·m/g	21.4	19.6
	≥250g/m²		17.4	16.4
横向耐折度 ≥		次	100	60
吸水性(正/反) ≤		g/m²	35.0/40.0	40.0/50.0
交货水分		%	8.0±2.0	

①本表规定外的定量,其指标可就近按插入法考核。

②横向短距压缩指数,不作为考核指标。

平板箱纸板的尺寸有 787mm×1092mm、960mm×1060mm、960mm×880mm,尺寸偏差不超过±5mm,偏斜度不超过 5mm。

卷筒纸的幅宽为 750～2500mm,每 50mm 为一挡,其偏差不超过 +8mm。

卷筒箱纸板的卷筒直径有 800mm、1000mm、1100mm、1200mm,其直径偏差应不超过±50mm。其他尺寸可按订货合同规定。

箱纸板不经外力作用时,不应有分层现象。定量相同的箱纸板每批产品的色泽应基本相近,箱纸板表面应平整,不应有明显的毯印。

箱纸板不应有褶子,洞眼或露底等外观缺陷,外观缺陷按本标准规定的抽样方案进行检查,不合格纸片所占比例应不超过 2%。

卷筒箱纸板在每 10m² 内,对于直径 5～20mm 浆疤的规定是,优等品和一等品应不超过 1 个,合格品应不超过 2 个,平板箱纸板不应有直径大于 20mm 的浆疤。

卷筒箱纸板纸芯不应有扭结或压扁现象,每卷纸的接头优等品应不超过 1 个,一等品应不超过 2 个,合格品应不超过 3 个,接头处应用胶带纸粘牢,并作出明显标记。

平板箱纸板的切边应整齐光洁,不应有缺边、缺角、薄边等现象,卷筒箱纸板的端面应平整，形成的锯齿或凹凸面应不超过5mm。

在每个卷筒纸的端面粘贴或印刷品名、规格、定量、生产日期、出厂时间、检验状态、生产厂家名称等内容。

2. 瓦楞芯（原）纸

瓦楞芯纸按质量分为优等品、一等品和合格品三个等级。其中：AAA为瓦芯纸优等品中的最高等级；AA为瓦芯纸优等品中的第二等级；A为瓦芯纸优等品中的第三等级。

瓦楞芯（原）纸（GB/T 13023）的技术指标应符合表1-3的规定。

表1-3 瓦楞芯（原）纸的技术指标

指标名称	单位	规定			
		等级	优等品	一等品	合格品
定量	g/m²	AAA	（80、90、100、110、120、140、160、180、200）±4％	（80、90、100、110、120、140、160、180、200）±5％	
		AA			
		A			
紧度 ≥	g/cm³	AAA	0.55		
		AA	0.53	0.50	0.45
		A	0.50		
横向环压指数 ≤90g/m² 90～140g/m² 140～180g/m² ≥180g/m²	N·m/g	AAA	7.5 8.5 10.0 11.5	5.0 5.3	3.0 3.5 4.4 5.5
		AA	7.0 7.5 9.0 10.5	6.3 7.7	
		A	6.5 6.8 7.7 9.2		
平压指数① ≥	N·m²/g	AAA	1.40		
		AA	1.30	1.0	0.8
		A	1.20		
纵向裂断长 ≥	km	AAA	5.0		
		AA	4.5	3.75	2.50
		A	4.3		
吸水性 ≤	g/m²	—	100	—	—
交货水分	%	AAA	8.0±2	8.0±2	8.0±3
		AA			
		A			

① 不作交收试验依据。

瓦楞芯纸的规格可按订货合同规定，卷筒尺寸，上限偏差不超过＋8mm，下限偏差不超过－0mm。

瓦楞芯纸不经外力作用不应有分层现象。瓦楞芯纸应平整，不应有影响使用的折子、孔眼、硬杂物等外观毛病。瓦楞芯纸应切边整齐，不应有裂口、缺角、毛边等现象。

卷筒纸断头用胶带纸牢固地粘接好，每个卷筒接头数，优等品应不超过1个，一等品和合格品应不超过3个，并作明显标志。

卷筒直径为1100～1300mm，或按订货合同规定。

卷筒纸的筒芯应符合相关标准的要求，卷筒纸端面应平整，形成的锯齿形和凹凸面应不超过10mm。

卷筒纸外五层瓦楞芯纸为外包装，两头用聚丙烯塑料带或铁皮扎紧，并在外包装皮上划上箭头，以标示退纸方向。

瓦楞芯纸应妥善保管，严防受潮。

瓦楞芯纸在运输中应使用有篷而洁净的运输工具。

不应将成件纸从高处扔下。

3. 涂布白板纸

涂布白板纸主要用于生产高档瓦楞纸箱、彩印纸箱和纸盒。涂布白板纸可分为白底和灰底两大类，其质量可分为优等品、一等品和合格品三个等级。

涂布白板纸（GB/T 10335.4）的技术指标应符合表 1-4 的规定。表中第 6、7、8、9、10、及 13 项均为对涂布面的规定。

表 1-4 涂布白板纸的技术指标

技术指标			单位	规定					
				优等品		一等品		合格品	
				白底	灰底	白底	灰底	白底	灰底
1	定量		g/m²	200	220	250 300	350 400	450	500
2	定量偏差	≤	%	＋5.0 ； －3.0					
3	横幅定量差	≤	%	3.0		4.0		5.0	
4	紧度≤	≤300g/m²	g/cm³	0.88	0.85	0.90	0.87	—	—
		＞300g/m²		0.85	0.82	0.87	0.84	—	—
5	亮度≥	正面	%	80.0	80.0	78.0	78.0	75.0	75.0
		反面		70.0	—	70.0	—	70.0	—
6	印刷表面粗糙度①	≤	μm	2.50	2.00	3.00	2.60	4.00	
7	平滑度①	≥	s	70	150	50	80	30	50
8	印刷光泽度	≥	%	88		80		60	

续表

技术指标		单位	规定					
			优等品		一等品		合格品	
			白底	灰底	白底	灰底	白底	灰底
9	油墨吸收性	%	15～28					
10	印刷表面强度②≥ 中黏油墨	m/s	1.40		1.20		0.80	
	低黏油墨		4.00		3.80		2.50	
11	吸水性(Cobb③;60 s) ≤ 正面	g/m²	50		50		50	
	反面		120		120		120	
12	横向挺度②≥ 200g/m²	mN·m	1.80	2.00	1.60	1.80	1.50	
	220g/m²		2.20	2.50	1.80	2.00	1.70	
	250g/m²m		2.90	3.00	2.30	2.50	2.00	
	300g/m²		4.80	5.20	4.10	4.50	3.40	
	350g/m²		7.00	7.60	6.20	6.70	5.00	
	400g/m²		9.60	10.6	8.70	9.40	7.00	
	450g/m²		12.5	14.5	10.0	12.0	9.00	
	500g/m²		17.0	19.0	14.0	16.0	12.0	
13	尘埃度≤ 0～1.0mm²	个/m²	12		20		40	
	1.0～2.0mm²		不允许有		2		4	
	＞2.0mm²		不允许有		不允许有		不允许有	
14	交货水分④ ≤300g/m²	%	7.5±1.5					
	＞300g/m²		8.5±1.5					

① 仲裁时将印刷表面粗糙度作为考核项目,平滑度可不考核。
② 用于凹版印刷产品,可不考核印刷表面强度,挺度指标可降低 5%。
③ 吸水性可用"可勃 Cobb 法"测定。
④ 因地区差异较大,可根据具体情况对水分作适当调整。

涂布白板纸为平板或卷筒纸,平板纸尺寸有 787mm×1092mm、889mm×1194mm 或 889mm×1294mm,也可按订货合同生产,其尺寸偏差上限应不超过＋3mm,下限应不超过－1mm,偏斜度应不超过 3mm,卷筒纸的卷筒宽为 787mm 或 869mm,也可按订货合同生产,其尺寸偏差上限应不超过＋3mm,下限应不超过－1mm。

纸面应平整、厚薄一致,不应有明显翘曲、条痕、折子、破损、斑点、硬质块等外观缺陷。纸面涂层应均匀,不应有掉粉、脱皮及在不受外力作用下的分层现象。

同批纸的颜色不应有明显的差异,即同批纸色差（ΔE^*）应不大于 1.5。

涂布白板纸的优等品和一等品不应有印刷光斑。

运输时应使用有篷而洁净的运输工具。

装卸时不许勾吊，不许将纸件从高处扔下。

纸张应妥善贮存于通风仓库的垫板上，以防受雨雪或地面湿气的影响。

4.黄板纸、茶板纸、灰板纸

黄板纸、茶板纸、灰板纸这三种低档次原纸的质量要求可参照普通箱纸板质量要求进行验收。这类纸板只适合于制作低档瓦楞纸箱面里纸，或用于瓦楞纸板的夹芯纸。

第二节　辅料

一、　印刷版材

1.橡胶版

厚度在 $2\sim8mm$，常用的是 4mm 或 7mm。邵氏硬度一般为 $38\sim75$，有片材和卷材两种形式，一般多为一面磨毛，要求表面平整、清洁、无砂眼、无气泡、无龟裂和老化。

2.柔性树脂版

柔性树脂版的选用可根据瓦楞纸板厚度、所印图案的精细程度，选用不同厚度和不同硬度的柔性树脂版，如杜邦 TDR 版的硬度为 $HS34\sim41$，DRC 版的硬度为 $HS37\sim42$，印刷出来的图案效果清晰，分辨率高。印刷版的厚度有 2.84mm、3.94mm、7.0mm。7.0mm 厚的版制好后可直接用于印刷。2.84mm、3.94mm 厚的版材需加底版（衬垫海绵后）再印刷。

3.丝网印刷版

印刷版面呈网状，是由丝网模版、丝网和网框组成的一种孔版印版。

二、　扁丝

扁丝（QB/T 2030—1994 镀锌、镀铜低碳钢扁丝）一般用碳素钢丝压制后经镀锌或镀铜而成。常用的扁丝型号有 16♯、18♯、20♯。

扁丝技术要求如下：

16♯扁丝规格，（宽度 2.20×厚度 0.80）mm，宽度 2.20（极限偏差 +0.08、−0.10)mm，厚度 0.8mm±0.03mm。

18♯扁丝规格，（宽度 1.85×厚度 0.60）mm，宽度 1.85（极限偏差 +0.05、−0.10)mm，厚度 0.6mm±0.03mm。

20♯扁丝规格，（宽度 1.05×厚度 0.60）mm，宽度 1.05（极限偏差 +0.05、−0.10)mm，厚度 0.6mm±0.03mm。

抗拉强度不得低于450N/mm²；弯曲次数不得低于 6 次；耐腐蚀性能，

镀锌扁丝经 2h 中性盐雾试验、镀铜扁丝经 1.5h 中性盐雾试验后，基体金属不得有锈点。

表面应呈基本一致的金属光泽，镀层不得有开裂或脱落现象。不得有裂纹、锈点、露底（焊接处除外）、明显划痕等缺陷。在扁丝宽度方向上不允许有急弯现象。在 1m 长度内，扁丝宽度方向上不得有超过 50mm 的弯曲。每盘扁丝应排列整齐，应由一根丝绕成，不得自然松散，允许焊接一处，焊接处应平整，该处检验时不作判别不合格的依据。

每盘扁丝质量应为 2.5kg±0.3kg，以 10 盘为一箱，每箱允许有一盘质量不低于 1.5kg 的小盘，每箱净重不得低于 25kg。每盘扁丝捆扎内径为 68mm±2mm，厚度不得低于 34mm。

三、 纸箱生产用防潮剂

纸箱生产用防潮剂分溶剂型和水溶型。

1. 溶剂型防潮剂

主要有清漆类与熟桐油（在生桐油内加入功能性添加剂后加热熬制而成）。该类防潮剂，用汽油调配好后施工。在对纸箱涂刷该防潮剂时，需先用填充材料对纸箱表面进行处理，然后再用手工将该防潮剂涂刷上去。用溶剂型防潮剂生产出的瓦楞纸箱表面耐水防潮性能好，表面呈金黄色，且光亮如镜、疏水能力强，是生产防潮军品瓦楞纸箱的好材料，适合加工小批量的产品。

溶剂型防潮剂具有如下不足之处。

① 需用汽油等易燃材料调配，因此要做好防火工作。

② 防潮剂表面干透需较长时间，又全为手工作业，需占用较大的生产场地，生产效率低下。

③ 该材料气味较重，生产工人需做好劳保防护工作，并配备必需的劳保用品。

④ 生产成本比水溶型聚烯烃类和丙烯酸酯类防潮剂的成本高。

2. 水溶型防潮剂

水溶型有聚烯烃类和丙烯酸酯类制成的防潮剂。该类防潮剂由聚烯烃类材料、石蜡乳、松香等材料组成，可用水调配好后直接进行施工。该类防潮剂可在瓦楞纸板自动生产线上对纸箱面纸直接进行涂布，也可直接用手工将防潮剂涂刷到纸箱表面。工序比用熟桐油生产防潮瓦楞纸箱少，用该类材料生产出的瓦楞纸箱表面有一定的耐水防潮性能。当在纸箱表面做防潮处理后，纸箱表面平滑，有较好的疏水能力，可作为生产防潮军品瓦楞纸箱材料使用。该材料既适合加工小批量产品，也适用于大批量生产防潮瓦楞纸箱，生产成本比熟桐油低。不足之处是，该防潮剂用手工对纸箱表面作防潮处理时，需占用较大的生产场地晾干，生产效率低下。

该类防潮剂的有关参考质量指标如下。

棕色或淡黄色液体。

pH 值（试纸法）7～9。

黏度（涂-4 杯）≤40。

表面干燥时间≤15（min）。

光泽（%）≥0。

防潮性能（无水渗透）≥2.0h。

四、 包装用聚酯捆扎带（GB/T 22344） 技术要求

1. 外观

捆扎带应呈平直的带状外观，表面清洁，无杂质，无扭曲、开裂、穿孔、毛刺、破损和其他影响使用功能的缺陷。颜色均匀，光面捆扎带表面平滑光亮，压花捆扎带表面花纹清晰规范。

捆扎带卷的外形规范、紧密、平服、无松散乱卷现象，捆扎带卷在纸管上的宽度与纸管长度比较误差为±8mm。

若不影响机用带在自动捆扎机械中的使用功能且其接头的拉断力不小于表 1-5 或订货合同规定的最小拉断力的 50%，则机用带可以拼接，但每卷的拼接接头数应不大于 1 个。

表 1-5　机用带规格参数

规格代号	公称宽度/mm	公称厚度/mm	最小拉断力/N		规格代号	公称宽度/mm	公称厚度/mm	最小拉断力/N	
			第Ⅰ级	第Ⅱ级				第Ⅰ级	第Ⅱ级
089048	8.9	0.48	1670	1500	111061	11.1	0.61	2640	2370
090052	9.0	0.52	1830	1640	119044	11.9	0.44	2050	1840
095038	9.5	0.88	1410	1270	119052	11.9	0.52	2420	2170
095051	9.5	0.51	1890	1700	119071	11.9	0.71	3300	2960
095066	9.5	0.55	2040	1830	120044	12.0	0.44	2060	1850
095062	9.5	0.62	2300	2070	120050	12.0	0.50	2340	2100
105050	10.5	0.50	2050	1840	120052	12.0	0.52	2440	2190
105052	10.5	0.52	2130	1920	120062	12.0	0.62	2910	2610
105056	10.5	0.56	2300	2060	120071	12.0	0.71	3330	2990

续表

规格代号	公称宽度/mm	公称厚度/mm	最小拉断力/N		规格代号	公称宽度/mm	公称厚度/mm	最小拉断力/N	
			第Ⅰ级	第Ⅱ级				第Ⅰ级	第Ⅱ级
105061	10.5	0.61	2500	2250	125060	12.5	0.60	2930	2630
105065	10.5	0.65	2670	2390	125070	12.5	0.70	3420	3070
105067	10.5	0.67	2750	2470	127038	12.7	0.38	1890	1690
111041	11.1	0.41	1780	1600	127043	12.7	0.43	2130	1920
111051	11.1	0.51	2210	1990	127051	12.7	0.51	2530	2270
111056	11.1	0.56	2430	2180	127063	12.7	0.63	3120	2800
127071	12.7	0.71	3520	3160	160070	16.0	0.70	4370	3920
127076	12.7	0.76	3770	3380	160080	16.0	0.80	5000	4480
130050	13.0	0.50	2540	2280	160090	16.0	0.90	5620	5040
130060	13.0	0.60	3050	2730	190050	19.0	0.50	3710	3330
152055	15.2	0.55	3250	2930	190080	19.0	0.80	5930	5320
155060	15.5	0.60	3630	3260	196100	19.0	1.00	7410	6650
156076	15.6	0.76	4630	4150	190127	19.0	1.27	9410	8450
156089	15.6	0.89	5420	4860	191102	19.1	1.02	7600	6820
156091	15.6	0.91	5540	4970	191127	19.1	1.27	9460	8400
156097	15.6	0.97	5910	5800	191140	19.1	1.40	10430	9360
156102	15.5	1.02	6210	5570	191152	19.1	1.52	11330	10170
156114	15.6	1.14	6940	6230	250080	25.0	0.80	7800	7000
159051	15.9	0.51	3170	2840	250100	25.0	1.00	9750	8750
159064	15.9	0.64	3970	3570	250102	25.0	1.02	9950	8930
159076	15.9	0.76	4720	4230	250120	25.0	1.20	11700	10600
159089	15.9	0.89	5520	4960	258127	25.0	1.27	12390	11120
160050	16.0	0.50	3120	2800	320082	32.0	0.82	10240	9190
160060	16.0	0.60	3750	3360	320102	32.0	1.02	12730	11430

每卷捆扎带的长度以"每卷长度"表示,单位为米(m),并应符合订货合同规定。

2. 规格尺寸及其允许偏差

光面捆扎带的规格参数见表1-5。

对表面压花的捆扎带以测量端为平面的千分尺;测得的捆扎带的厚度应不大于相同宽度和拉断力的光面捆扎带的公称厚度的2倍,订货合同应另行规定压花要求及厚度和拉断力各参数。

捆扎带的规格尺寸偏差应符合以下规定。

① 宽度允许偏差为±0.76mm。

② 厚度允许偏差为±0.06mm。

客户特殊要求（包括表 1-5 中未列入的捆扎带的公称宽度、公称厚度、最小拉断力等规格参数、表面压花参数、颜色）按订货合同规定执行。

3. 镰刀弯

机用带的镰刀弯应不大于以下要求。

① 宽度 12mm 以下捆扎带的镰刀弯不大于 150mm/2000mm。

② 宽度 12mm 以上捆扎带的镰刀弯不大于 120mm/2000mm。

捆扎带的拉断力应不低于表 1-5 规定的最小拉断力。

捆扎带的拉伸断裂应变应在 5%～25%范围内。

以热熔焊接方式连接的捆扎带接头的拉断力应不小于表 1-5 或订货合同规定的最小拉断力的 45%。

以扣件连接方式连接的捆扎带接头的拉断力应不小于表 1-5 或订货合同规定的最小拉断力的 40%。

五、 免水胶纸

免水胶纸又称压敏胶黏带，分塑料基压敏胶黏带和纸基压敏胶黏带。

塑料基压敏胶黏带外观质量要求是，塑料胶黏带应卷绕平整、紧密、两边缘切割整齐光滑，卷芯与胶黏带不应分离。解卷检验时，胶黏带不应有孔洞、切口、断裂、裂痕和折痕，胶黏剂应涂布均匀光滑，不应有肉眼可观察到的缺胶、堆胶、裂纹（网纹）和杂质斑点等缺陷。

六、 印刷挂版用聚酯薄膜

薄膜应无明显裂纹、松弛、褶皱、瑕疵、杂质及任何影响适用性的缺陷。同卷薄膜里的接头应有明显标记，能从膜卷的侧面判断接头位置。每卷聚酯膜两端应用衬垫保护，用薄膜包装好，捆扎紧，防止被尖硬物品划伤。

第二章　黏合剂

第一节　制胶材料

制作淀粉黏合剂的基本材料有淀粉、烧碱、硼砂、水、氧化剂等。

根据瓦楞纸板生产设备和工艺的不同，其黏合剂制作又分半生胶和氧化淀粉黏合剂。半生胶主要用于自动线、单面机。氧化淀粉黏合剂主要用于裱胶机、贴面机和粘箱机。

一、淀粉

我国瓦楞纸箱行业生产瓦楞纸板，其制备纸箱用黏合剂的主要材料是淀粉，如玉米淀粉、木薯淀粉、小麦淀粉、马铃薯淀粉、红薯淀粉。其中玉米淀粉的用量最大，其次是木薯淀粉。

淀粉的某些化学特性和物理特性对生产瓦楞纸箱黏合剂有不同程度的影响，因此有必要对淀粉的这些化学特性和物理性质进行简单介绍，以便读者能利用这些特性解决生产中遇到的问题。

1. 淀粉特性对制作黏合剂的影响

（1）水分　淀粉的含水量取决于储存的条件（温度和相对湿度），一般在 10%~20% 范围。不同品种的淀粉含水量存在差别。当温度为 20℃、相对湿度为 65% 时，各种淀粉含水率分别是：马铃薯淀粉 19%，小麦淀粉 14%，玉米淀粉、木薯淀粉、红薯淀粉等 13%。

（2）直链淀粉与支链淀粉　直链淀粉难溶于水，溶液不稳定，凝沉性强，在热水中溶解，不成黏糊。支链淀粉易溶于水，溶液稳定，因支链结构凝沉性弱，在热水中不溶解，加热并加压下溶解成黏糊。但在高浓度或冷水低温条件下，支链淀粉分子侧链间也会结合发生凝沉。

（3）淀粉的糊化　淀粉混于冷水中搅拌成乳状悬浮液，称为淀粉乳浆。若停止搅拌，经一定时间后，则淀粉全部下沉，上部为清水，这是因为淀粉不溶于冷水。若将淀粉乳加热到一定温度，这时候水分子进入淀粉粒的非结晶部分，与一部分淀粉分子相结合，破坏氢键并水化它们，失去双折射性，随着温度的再增加，淀粉粒内结晶区的氢键被破坏，淀粉不可逆转地迅速吸收大量的水分，突然膨胀达原来体积的 50~100 倍，原来的悬浮液迅速变成黏性很强的淀粉糊，透明度也增高，虽停止搅拌，淀粉再也不会称沉淀，这种黏稠的糊状物称为淀粉糊，这种现象称为糊化作用，发生此糊化现象所需的温度称为糊化温度。淀粉粒大的糊化温度较低，而淀粉粒小的糊化温度较高。淀粉在强碱作用下，室温下即可糊化。

（4）淀粉的老化　淀粉液或淀粉糊，在低温静置的条件下，都有转变为不溶性的趋向，浑浊和黏度都会增加，最后形成硬的凝胶块。在稀淀粉溶液中，则有晶体沉淀析出，这种现象称为淀粉糊的"老化"或"回生"。淀粉糊老化后，可能出现黏度增加、产生不透明或浑浊、在热糊表面形成皮膜、不溶性淀粉颗粒沉淀、形成凝胶、从糊中析出水等现象。

2. 工业玉米淀粉的技术要求（GB 12309）

（1）感官要求　外观为白色或微带黄色阴影的粉末，具有光泽，具有玉米淀粉固有气味，无异味。

（2）理化要求　见表 2-1。

表 2-1　工业玉米淀粉的理化要求

等级 指标 项目	优级	一级	二级
水分/%	≤14.0		
细度/%（质量分数）	≥99.8	≥99.5	≥99.0
斑点/（个/cm²）	≤0.4	≤1.2	≤2.0
酸度（中和100g绝干淀粉消耗 0.1mol/L 氢氧化钠溶液的体积）/mL	≤12.0	≤18.0	≤25.0
灰分（干基）/%（质量分数）	≤0.10	≤0.15	≤0.20
蛋白质（干基）/%（质量分数）	≤0.40	≤0.50	≤0.80
脂肪（干基）/%（质量分数）	≤0.10	≤0.15	≤0.25
二氧化硫/%（质量分数）	≤0.004		
铁盐（Fe）/%（质量分数）	≤0.002		

（3）运输　运输设备要洁净卫生，无其他强烈刺激味。运输时，必须用篷布遮盖。不得受潮，在整个运输过程中要保持干燥、清洁，不得与有毒、有害、有腐蚀性物品混装、混运，避免日晒和雨淋。装卸时，应轻拿轻放，严禁直接钩、扎包装袋。

二、 烧碱（工业用氢氧化钠 GB 209）

（1）外观要求　固体（包括片状、粒状、块状等）氢氧化钠主体为白色，有光泽，允许微带颜色，液体氢氧化钠为稠状液体。

（2）理化要求　固体（包括片状、粒状、块状等）氢氧化钠应符合表 2-2 给出的指标要求。液体氢氧化钠应符合表 2-3 给出的指标要求。

对于电解后直接作为商品的液体氢氧化钠的质量指标应与表 2-3 中 IL-IT-Ⅱ所列的质量指标呈相同比例，对于其他规格（电解液蒸发后所生产的液体氢氧化钠）的质量指标应与表 2-3 中 IL-IT-I 所列的质量指标呈相同比例。

表 2-2　固体 NaOH 的质量指标

项目	型号规格														
	IS-IT						IS-DT						IS-CT		
	I			II			I			II			I		
	优等品	一等品	合格品	优等品	一等品	合格品	优等品	一等品	合格品	优等品	一等品	合格品	优等品	一等品	合格品
氢氧化钠（以 NaOH 计）的质量分数/% ≥	≥99.0	≥98.5	≥98.0	72.0±2.0			≥96.0		≥95.0	72.0±2.0			≥97.0		≥94.0
碳酸钠（以 Na_2CO_3 计）的质量分数/% ≤	0.5	0.8	1.0	0.3	0.5	0.8	1.2	1.3	1.6	0.4	0.8	1.0	1.5	1.7	2.5
氯化钠（以 NaCl 计）的质量分数/% ≤	0.03	0.05	0.08	0.02	0.05	0.08	2.5	2.7	3.0	2.0	2.5	2.8	1.1	1.2	3.5
三氧化二铁（以 Fe_2O_3 计）的质量分数/% ≤	0.005	0.008	0.01	0.005	0.008	0.01	0.008	0.01	0.02	0.08	0.01	0.02	0.008	0.01	0.01

表 2-3　液体 NaOH 的质量指标

项目	型号规格											
	IL-IT						IL-DT				IL-CT	
	I			II			I			II	I	
	优等品	一等品	合格品	优等品	一等品	合格品	优等品	一等品	合格品	一等品	合格品	优等品	一等品	合格品
氢氧化钠（以 NaOH 计）的质量分数/% ≥	45.0			30.0			42.0			30.0		45.0		42.0

续表

项目	型号规格												
	IL-IT						IL-DT					IL-CT	
	I			II			I			II		I	
	优等品	一等品	合格品	优等品	一等品	合格品	优等品	一等品	合格品	一等品	合格品	优等品	一等品	合格品
碳酸钠（以Na_2CO_3计）的质量分数/% $\leqslant$	0.2	0.4	0.6	0.1	0.2	0.4	0.3	0.4	0.6	0.3	0.5	1.0	1.2	1.6
氯化钠（以NaCl计）的质量分数/% $\leqslant$	0.02	0.03	0.05	0.005	0.008	0.01	1.6	1.8	2.0	4.6	5.0	0.7	0.8	1.0
三氧化二铁（以Fe_2O_3计）的质量分数/% $\leqslant$	0.002	0.003	0.005	0.0006	0.0008	0.001	0.003	0.006	0.01	0.005	0.008	0.01	0.02	0.03

（3）运输　袋装氢氧化钠产品运输要防止撞击；避免包装损坏、受潮、污染，不可与酸性物品混装运输。固体（包括片状、粒状和块装等）氢氧化钠产品应贮存于干燥、清洁的仓库内，液体氢氧化钠用贮槽贮存，防止碰撞及与酸性物品接触。

氢氧化钠产品具有强腐蚀性，接触人员应佩戴防护眼镜和胶皮手套等劳动保护用具。

三、 硼砂

（1）外观要求　白色细小结晶体。

（2）理化指标　工业十水合四硼酸二钠应符合表2-4的要求。

表2-4　工业十水合四硼酸二钠的质量指标

项目		指标	
		优等品	一等品
主含量（$Na_2B_4O_7^{2-} \cdot 10H_2O$）/%	$\geqslant$	99.5	95.0
碳酸盐（以CO_2计）含量/%	$\leqslant$	0.1	0.2
水不溶出物含量/%	$\leqslant$	0.04	0.04
硫酸盐（以SO_4^{2-}计）含量/%	$\leqslant$	0.1	0.2
氯化物（以Cl^-计）含量/%	$\leqslant$	0.03	0.05
铁（Fe）含量/%	$\leqslant$	0.002	0.005

每批出厂的产品都应有质量保证书，内容包括生产厂名、厂址、产品名称、等级、净含水量、批号（生产日期）、产品质量符合本标准的证明和本标准编号。

（3）运输　工业十水合四硼酸二钠内装采用聚乙烯薄膜袋，外包装用塑料编织袋，每袋净含量 50kg，包装内袋口用尼龙绳扎牢固。在运输过程中应有遮盖物，防止雨淋、受潮，不得与酸混运，应贮存在阴凉、干燥处，防止雨淋、受潮，不得与酸混贮。

四、 工业过氧化氢

（1）外观要求　无色透明液体。

（2）质量要求　工业过氧化氢（GB 1616）应符合表 2-5 的要求。

表 2-5　工业过氧化氢的质量要求

项目		指标				
		27.5%		30%	35%	50%	70%
		优等品	合格品				
过氧化氢的质量分数/%	≥	27.5	27.5	30.0	35.0	50.0	70.0
游离酸（以 H_2SO_4 计）的质量分数/%	≤	0.040	0.050	0.040	0.040	0.040	0.050
不挥发物的质量分数/%	≤	0.08	0.10	0.08	0.08	0.08	0.12
稳定度/%	≥	97.0	90.0	97.0	97.0	97.0	97.0
总碳（以 C 计）的质量分数/%	≤	0.030	0.040	0.025	0.025	0.035	0.050
硝酸盐（以 NO_3^- 计）的质量分数/%	≤	0.020	0.020	0.020	0.020	0.025	0.030

注：过氧化氢的质量分数、游离酸、不挥发物、稳定度为强制性要求。

工业过氧化氢包装上应有牢固清晰的标志，内容包括生产厂名、厂址、产品名称、规格、等级、净含量、批号或生产日期、"向上"标志。过氧化氢的质量分数不大于 40% 的产品应有"氧化剂"标志，过氧化氢的质量分数大于 40% 的产品应增加"腐蚀品"标志。

工业过氧化氢产品质量分数在 50% 以下（包括 50%）的包装采用深色高密聚乙烯桶，每桶净含量不超过 50kg，质量分数为 70% 的产品采用 50kg 以下（包括 50kg）的钝化铝或不锈钢桶，或采用钝化不锈钢槽车，各种包装容器的盖上应有排气孔。

五、 其他助剂材料

（1）催化剂　主要用于制作氧化淀粉黏合剂时加快淀粉的反应速度（直接使用化学试剂就可以了）。但因选用的氧化剂不同，所需的催化剂也不一样，如过氧化氢的催化剂是硫酸亚铁、次氯酸钠的催化剂是硫酸镍、高锰酸钾 $KMnO_4$ 的催化剂在硫酸（H_2SO_4）作用下是适量的氧化锌。

（2）消泡剂　用于黏合剂制作过程中的消泡。常用的消泡剂有 TP 消泡剂、磷酸三丁酯、丁醇、辛醇、硅油等。

（3）填充剂　为降低成本一般用于氧化淀粉黏合剂的制作，在黏合剂中加入适量的轻质碳酸钙、膨润土、陶土、硫酸镁等作为填充剂。

（4）架桥剂　封闭型水性固化剂（非离子型交联剂）。

架桥剂别名：固化剂、交联剂、固色剂、接着剂、增进剂、补强剂、牢度提升剂。

目前市场上出现的架桥剂种类很多，价格不一，如何选择有效且好用的架桥剂，以下几点建议可供参考。

① 制作简单、稳定性好，能有效地控制胶料的黏度。

② 可降低糊化温度，增加初黏力，提高车速。

③ 能赋予淀粉适当的保水性，提高胶料的稳定性，并防止胶料贮存隔日水解和胶料存放变质。

④ 可降低接着层与纤维素间的接触角，增加渗透力、提高纸板黏合强度，减少施胶量。

⑤ 能增加纸板的相关物理指标性能。黏合后纸板能具有憎水防潮的性能。

（5）安定剂　别名稳定剂。

淀粉黏合剂的黏度下降对瓦楞纸板黏合强度、自动线的生产机速、纸板成型质量都有影响。其变稀的原因多是由于胶料搅拌过度、胶料受热辐射、胶料变质或胶料循环过多造成的。用稳定剂可以改善黏合剂黏度下降问题。目前有资料介绍在纸板线黏合剂中加入甲醛、苯甲酸钠、五氯酚钠、醋酸钙、乳酸钠等作为稳定剂。

第二节　黏合剂配方与制作工艺

一、　淀粉类黏合剂

淀粉是制作瓦楞纸板生产用黏合剂的主料，水起溶液作用，烧碱是糊化剂，硼砂为络合剂。

黏合剂制作时的注意事项是，下料前必须对所有材料进行准确计量，以确保制作出的成品黏合剂质量稳定。因不同材质的原纸对黏合剂的吸收性能有一定的差异性，因此在制作黏合剂时要综合考虑原纸对黏合剂的吸收性能，以确定黏合剂中的固含量和黏合剂的黏度。

自动线用黏合剂配方与制作工艺，应根据不同季节（如冬季与夏季温差有30～40℃，这么大的温差对黏合剂的糊化有较大影响）、不同吸收性能的原纸（如原纸的施胶与不施胶对黏合剂的吸收状态影响是不同的）、纸箱生产加工工艺等差异进行相应的调整或变更。

1. 自动线用黏合剂

自动线用黏合剂的配方与制作工艺流程如下。

熟胶：370kg 水→50kg 淀粉→9.6kg 固碱————┐

生胶：900kg 水→225kg 淀粉→9.4kg 硼砂→混合打胶→成品黏合剂（1574kg）。

成品胶的质量要求：涂-4 杯黏度为 65s，糊化点 64℃。

2. 强黏性黏合剂制作工艺

先制作半生胶→水 220kg（11 桶）→50kg 淀粉→2kg 固碱（化成液体）慢慢倒入制胶桶内→搅匀后抽入生胶桶→生胶桶放水，总水量 570kg（先放 300kg 水，待碱性淀粉抽过来后再补充到规定的水量）→硼砂 9kg（先将 5.5kg 放入桶内留 3.5kg）→淀粉 200kg→熟胶→混合打胶搅拌均匀→成品黏合剂。

熟胶：水 350kg→粉 50kg→碱 8.4kg→全糊化——┘

（将剩下 3.5kg 硼砂在熟胶全部抽入生胶桶混合打胶，待胶的黏度峰值过后，再慢慢均匀地撒进混合胶中打均匀，制胶时间为 45min）。

成品胶的质量要求：糊化点 59℃、涂-4 杯黏度为 120s。

3. 常见问题与处理方法

固碱（或片碱）要求化成液碱，下料时先测液碱的波美度（°Bé），然后换算成配方中的固体用量。

自动线用黏合剂的抽胶泵或回胶泵用齿轮泵比清水泵好，可减少清水泵因高速旋转时叶轮将黏合剂打稀的毛病，且当黏合剂的黏度较高时其输送性也较好。

用还原剂控制淀粉氧化深度（在氧化淀粉黏合剂中加入硫代硫酸钠或亚硫酸钠来终止淀粉的过度氧化）。

4. 一步法黏合剂制作工艺

水 900kg 升温到 45℃，加入 4.5kg 片碱、275kg 淀粉，搅拌 2min，加入 15kg 架桥剂搅拌 5min，将 3.5～4kg 固碱化成液态慢慢滴入搅拌桶内，待胶的黏度升至 23～28s，加入安定剂 3kg、硼砂 5kg，待胶温升至 45℃，用涂-4 杯测胶的黏度为 28s，待用。

一步法工艺在欧美国家应用比较广泛，尤其受到许多有高速生产线大型纸箱厂青睐。一步法工艺的优点在于可制出高固含量、低黏度的黏合剂，适合高速瓦线以及重型纸板的生产。

5. 黏箱机用氧化淀粉黏合剂

65kg 水→30kg 玉米淀粉→7kg 氧化剂→0.2kg 一水硫酸亚铁→1.5kg 硫酸镁→0.2kg 聚丙烯酰胺→12kg45°Bé 液碱反应 40min→0.5kg 硼砂→搅拌均匀。

成品胶的质量要求：涂-4 杯黏度为 110s。

6. 裱胶机用氧化淀粉黏合剂

25kg 玉米淀粉→120kg 水→9.5kg 次氯酸钠→（3.1kg 固碱＋10kg 水）→50g 硫酸镍搅拌 3h→（2kg＋3kg 热水）→搅拌均匀→成品。

7. 贴面机用氧化淀粉黏合剂

65kg 水→25kg 胶粉（直接从市面上购买黏合剂半成品——氧化淀粉）→搅拌 10min→（2.2kg 固碱＋6kg 水溶解）→0.8kg 硼砂＋4kg 热水溶解→搅拌均匀即可。

二、 淀粉黏合剂成品技术质量要求

应根据企业自身设备、生产工艺、蒸汽压力、生产机速和黏合剂制作方法等情况来确定黏合剂的技术质量指标。

1. 黏度

黏度是黏合剂的重要质量指标，直接影响黏合剂的稳定性和对瓦楞峰的施胶量。稳定的黏度能不断地向成型瓦楞峰供给均匀的黏合剂，使瓦楞纸板生产在稳定的黏合状态。黏合剂的黏度对原纸的渗透性、上胶的均匀度和上胶量的大小、纸板线的生产车速、瓦楞纸板平整度及瓦楞纸板黏合强度都有直接影响，是一个要严格控制的技术质量指标。

2. 糊化温度

黏合剂糊化温度是保证瓦楞纸板生产线高速生产的关键因素之一。糊化温度高会造成黏合剂在瓦楞纸板生产过程中淀粉未糊化引起纸板黏合不良，生产机速低、能耗增加（造成蒸汽及电能浪费），还引起瓦楞纸板产生翘曲等问题。黏合剂的糊化温度应根据季节变化进行适当调整，冬季气温低可将糊化温度调低至 55～60℃，夏季气温高则可将糊化温度控制在 61～66℃。

3. 初黏力

初黏力是保证瓦楞纸板质量和提高工效的重要因素。在瓦楞纸板线生产中，加大原纸预热面积，增加烧碱用量，或者在制作主体胶中添加交联剂以及提高黏合剂的固含量，都可以使黏合剂涂布后在较短的时间内迅速糊化并开始固化产生黏合力，其黏合剂可快速浸入原纸表面纤维。

而氧化淀粉黏合剂的初黏力比自动线的黏合剂形成初黏力所需时间长，初黏力时间过长对后续工序生产和纸板质量有一定影响，应作为一个指标进行控制。

4. 固含量

固含量一般用倍水率来表示。所谓倍水率，就是指黏合剂内的淀粉与水的质量比例。胶体中的淀粉固含量对黏合剂的成膜、瓦楞纸板的黏合强度、制胶生产成本都有较大影响，是一个要认真控制的指标。

5. 耐循环性能

淀粉是高分子材料，制成的黏合剂具有高分子材料的一般属性。当胶料受机械外力的作用后其流动性会增加，引起黏合剂的黏度下降，同时受瓦楞辊的温度热辐射，黏合剂的流动性也会增加。黏合剂的流动性增加会引起黏合剂黏度变稀，最终影响产品质量。

6. 储存适用期

不论是自动线用半生胶淀粉黏合剂还是其他工艺用的氧化淀粉黏合剂，都有一个随着储存时间延长而变质的问题。如自动线已使用过的黏合剂会出现黏度变稀、淀粉与水分层、糊化温度升高等问题。氧化淀粉黏合剂则出现胶体变稀、胶体水分含量升高、黏性下降、瓦楞纸板裱胶后出现大量开胶等问题。同时不同季节的温差对淀粉黏合剂的储存也有一定的影响。因此制订黏合剂的储存适用期是一个不可缺少的指标，以利于调整黏合剂制作工艺和控制黏合剂的生产数量，来确保瓦楞纸板成品黏合质量，并杜绝黏合剂出现浪费。

三、 合成类黏合剂

贴面机（或粘箱机）用黏合剂为白乳胶，标准名称为聚乙酸乙烯酯乳液胶，一般都是直接从市面上购置。聚乙酸乙烯酯乳液胶技术要求应符合表2-6的规定。

表 2-6 聚乙酸乙烯酯乳液胶的技术要求

项目		常年用型	夏用型	冬用型
外观		乳白色，无可视粗颗粒或异物		
pH 值		3～7		
黏度/Pa·s	≥	0.5		
不挥发物/%	≥	35		

项目			常年用型	夏用型	冬用型
最低成膜温度/℃		≤	2	15	2
木材污染性			较涂敷硫酸亚铁的显色浅		
有害物质含量	游离甲醛/(g/kg)	≤	1.0		
	总挥发性有机物/(g/L)	≤	110		
压缩剪切强度/MPa	干强度	≥	10	10	7
	湿强度	≥	3	4	2

聚乙酸乙烯乳液胶的出厂检验为表 2-6 中外观、pH 值、不挥发物及黏度四项。

检验合格后由质检部门出具合格证。合格证应包括产品名称、型号、批次、检验项目、检验结果及检验日期。

检验结果中如有任何一项不符合本技术要求时，应重新从该批产品中提取加倍的样品进行复检，复检后仍不合格，则该批胶黏剂为不合格品。

四、 黏合剂相关指标与检测方法

1. 胶粘剂黏度的测定（GB/T 2794）

（1）仪器 黏度测定用仪器包括涂-4 杯、秒表。

黏度杯测量的黏度是条件黏度，它以一定体积的胶黏剂在一定温度下从规定直径的孔中所流出的时间来表示黏度。

（2）操作方法 擦干净涂-4 黏度杯，在空气中干燥或用冷风吹干，对光观察黏度杯流出孔应该清洁。将涂-4 黏度杯和 50mL 量筒垂直固定在支架上，流出孔距离量筒底面 20cm，并在涂-4 黏度杯流出孔下面放一只 50mL 量筒。用手堵住涂-4 杯流出孔，将试样倒满涂-4 黏度杯。松开手指，使试样流出，记录手指移开流出孔至涂-4 杯中的胶黏剂全部流出的时间，以流出时间（s）作为试样黏度。重复 2 次计算平均值，2 次测定值之差不应大于平均值的 5%。

（3）结果表示 以算术平均值表示，取三位有效数字。

2. 糊化温度的测试

（1）仪器 100mL 烧杯、搅拌棒、温度计。

（2）操作方法 用烧杯装成品黏合剂，取约 50mL 的黏合剂倒入烧杯后，将其置于水温 85℃ 以上的热水中加热，并不停用搅拌棒搅拌，确保黏合剂受热均匀。注意，水面要高于黏合剂面。待接近糊化温度时，黏合剂黏度会剧增，并搅拌困难，当达到糊化温度时，几乎已经不能搅拌了，此时记录黏合剂的糊化温度。

3. 初黏力的测试

主要用于测定氧化淀粉黏合剂的初黏力。取 $30 \sim 40 cm^2$ 正方形纸板一块，均匀涂上黏合剂，与另一块同样大小、品种的纸板黏合，并加压 $5 \sim 10N$，10min 后检查黏接情况，凡没有出现拉毛处为未黏接。计算初黏力（N/cm^2）。

$$P = \frac{F}{M} \times 100\%$$

式中　M——纸板涂胶面积，cm^2；

　　　F——拉开正方形纸板所需的最大力，N。

4. 固含量的测试

确定黏合剂中不含有颗粒状的干燥糊块。

（1）仪器　天平，可以加热至 300℃ 以上的烘箱。

（2）操作步骤　精确称取黏合剂，置于 131℃±2℃ 的烘箱中烘干至恒重时，取出测其质量，求出剩余质量占原质量的百分比，即为固含量。

计算公式为：

$$固含量 = \frac{g_3 - g_1}{g_2 - g_1} \times 100\%$$

式中　g_1——铝制称量皿的质量，kg；

　　　g_2——湿黏合剂加称量皿的质量，kg；

　　　g_3——干燥后黏合剂加称量皿的质量，kg。

5. 储存适用期的测试

黏合剂的储存适用期，用试样每放置一定时间后的黏度变化率表示。

计算公式为：

$$X = Y_2 / Y_1 \times 100\%$$

式中　X——黏度变化率，%；

　　　Y_1——黏合剂初黏度，s；

　　　Y_2——一定时间（如 24h）后的黏度，s。

按黏合剂黏度和对纸板黏接强度值确定适用期，以黏度达到规定变化值和瓦楞纸板黏合强度小于规定值的时间取较短的时间，确定为淀粉黏合剂的适用期。试验结果黏度变化用低于多少变化率表示。

测试从适用起始时刻起，按一定时间间隔重复测定黏度。

五、 黏合剂制作过程中常见问题的处理

淀粉是高分子材料，其制成的黏合剂具有高分子材料的一般属性，如随

着温度的升高流动性增加、受机械外力的作用流动性增加，因此要尽量减少胶料的循环速度，控制储备胶的剩余胶量（尤其是夏季）。因淀粉黏合剂随着循环次数的增多和温度的升高，会使黏合剂的黏度下降胶料变稀，半生胶淀粉黏合剂的糊化温度升高，会影响瓦楞纸板生产线机速和纸板的黏合强度。

氧化淀粉黏合剂在制作过程中，一定要控制好淀粉的氧化深度。淀粉氧化过浅，制作出的黏合剂流动性差，易产生凝胶甚至无法使用；氧化过深，则淀粉分子裂解过度，制作出的黏合剂易产生过多的葡萄糖，黏合剂黏度低引起瓦楞纸板黏合不好，易开胶，而且瓦楞纸板的水分含量过高还会导致瓦楞纸板的相关物理性能指标强度下降。

黏合剂黏度过低会引起生淀粉沉淀，黏合剂受机械热辐射温度升高引起黏度下降。控制办法如下。

（1）淀粉与水分层　黏合剂搅拌循环使用时间与放置时间过长，淀粉反生引起淀粉与水分层。配制的黏合剂最好当班用完。

（2）黏合剂黏度过高　延长混合打胶时间，让黏合剂适当循环。

（3）黏合剂制胶搅拌时间不够　按工艺要求控制制胶量。

（4）黏合剂中含有透明的熟淀粉胶体　在黏合剂的载体胶料中烧碱用量过大，或载体黏合剂在生浆中未搅拌均匀，黏合剂在单面机胶盘中未循环受瓦楞辊等部件的热辐射引起靠近胶盘等金属物附近的黏合剂糊化。严格按工艺要求制胶，让黏合剂适当循环。

六、 制作黏合剂所需设备及注意事项

所用设备包括制胶搅拌机、磅秤、塑料桶、塑料瓢、波美计、涂-4 杯、秒表、温度计、烧杯、耐碱胶手套、防护眼镜、工作服等。

在黏合剂的制作过程中，往制胶桶内倒入烧碱液时，要缓缓倒入，以防烧碱液飞溅到眼睛和皮肤上。如果不小心烧碱液溅到了眼睛和皮肤上，一定要立即用清水冲洗干净，以免烧碱灼伤皮肤。另外在往制胶桶内倒入玉米淀粉时，要防止包装袋掉入制胶桶内损坏设备和黏合剂。制胶时要穿戴好耐碱、防尘等劳保防护用品。黏合剂制作完毕必须将搅拌机清洗干净。

黏合剂制作应根据黏合剂的制作工艺特点，选用转速与其工艺要求相匹配的制胶搅拌机。如制作自动线用载体胶和氧化淀粉黏合剂要使用低速搅拌机，制作自动线半生胶则要同时用高速搅拌机进行混合打胶。

第三章 纸箱设计与生产工艺安排

第一节 设计输入

设计输入也就是平常所说的设计依据,其内容一般包括与顾客签订的合同、顾客提供的被包实物样品和特性、纸箱与纸盒样品、唛头样稿或印刷内容与文字资料、规格尺寸、箱型结构、所用材料要求、正式文件通知、瓦楞纸箱和瓦楞纸板的质量标准参数、仓储运输要求、法律法规等。

当顾客不能准确提供上述资料时,可通过实地调研获取相关资料,获得更准确的设计信息,设计出更符合实际需要的纸箱,满足顾客的期望和要求。

一、 纸箱设计要考虑的因素

纸箱设计要达到用最低的成本、最少的生产工序、最合理的材料组合,做出满足保护商品包装要求,方便顾客包装、生产和流通运输,符合仓储条件和流通要求的目的。要将顾客的要求转化成企业详细的实施方案。

设计输入要综合考虑以下因素。

① 被包物品的特性(如硬质、软质、怕碰撞、怕压、易碎、怕湿、低温冷藏等)、实物形状、内装物品,在确定纸箱内尺寸的伸放时应考虑不同楞型构成的瓦楞纸板对伸放的影响。如对硬度大的内装物,在确定纸箱内寸的伸放时不能小(如装摩托车和单车的纸箱),可约为取上公差,以防被包物品装不进去。而内装物是柔软的物品(如纺织服装品等),在确定纸箱内尺寸时就最好取下公差,因这类物品在仓储过程中会随仓储时间的延长,物品受重力作用而下沉,引起纸箱高度空间变大,导致抗压能力下降。

② 纸箱在包装产品过程中的要求。如是用机械包装产品,还是工人用手工包装产品,工人在包装产品时操作是否方便,是否还需要使用其他工具才能包装,有无其他特殊要求。

③ 被包物品的运输方式。在确定是用纸箱内径还是外径时,除要考虑被包物品的特性外,还要考虑到运输条件,如汽车、火车、集装箱、托盘对纸箱尺寸的要求,这些是确定纸箱尺寸要考虑的因素。另外仓储条件和储存时间、纸箱的物理强度要求也是设计时必须要考虑的因素。

④ 本公司的瓦楞纸箱加工工艺与生产能力。从纸箱的瓦楞形状、用材选择（从纸、墨、黏合剂、扁丝、防潮剂及其他辅料的技术质量要求）到纸箱的加工工艺方案及流程和设备的加工能力、印刷内容与印刷方式、印刷版的选用，并要根据本公司设备的加工精度考虑纸板、纸箱的伸放，分纸毛边（如要模切的产品，在生产瓦楞纸板时就要加模切毛边）。另外就是纸箱摇盖的压痕宽度和不同的楞型与不同楞型组合的瓦楞纸板尺寸伸放选择，以及各生产环节的流转衔接要求。

⑤ 纸箱内的附件以及不同的衬垫物，对纸箱内空的影响也要考虑，如在箱高伸放方面要考虑垫片、纸箱内摇盖、缓冲泡沫对纸箱内空的影响。

⑥ 空纸箱要达到的理论抗压值。可根据被包物的性质、质量、纸箱的箱高、仓储堆码高度、在仓库内的储存时间、提高纸箱抗压强度的补强措施，加上保险系数后计算出理论抗压值。

⑦ 应考虑单件纸箱包装商品后人工搬运的方便性。作为消费品运输包装的瓦楞纸箱的单箱质量一般不超过 20kg 为宜，最大 25kg，主要是考虑到搬运工或店员的操作方便，不导致人体因搬运造成损伤，尤其是军需物资；在野外条件下需人力搬运的货物，要考虑人力搬运的体力强度、搬运的方便性和搬运的安全性等。国家标准对单件包装的单瓦楞箱最大质量规定为40kg，单件包装双瓦楞箱最大质量规定为 55kg，是考虑到有装卸机械作业。但一般消费商品单件瓦楞纸箱包装货物质量限定在 20kg 以下是比较适合人工搬运的。

除了特殊形状或大型工业品的运输箱，一般商品包装用瓦楞纸箱在运输搬动中，人力装卸还是目前的主要装卸方式，许多消费商品在进店上柜过程中，还需要店员搬运或开箱，如果纸箱包装质量过大，或纸箱外部尺寸不合理，怀抱空间体积过大，会使人的手臂腰部用力紧张行走困难，从而导致人的操作疲劳出现损伤或引起商品损坏。

⑧ 要考虑国家、行业等相关标准要求与法律法规规定，如材料、产品、检验、环保、生产、运输、知识产权等。

⑨ 公司内部有哪些相关部门、相关环节和相关岗位需要沟通协调。

二、 纸箱结构与造型

综合上述因素后，再进行纸箱的结构设计。

1. 纸箱的箱型结构设计

纸箱的箱型结构设计包括纸箱的箱型结构、形状和瓦楞纸板的楞型选用与楞型组合。

通常使用量最大的普通箱型有如下几种。

① 开槽型，又称 02 型，如对口箱、大小盖、满摇盖等，如图 3-1 所示。

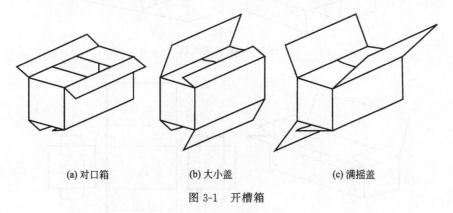

(a) 对口箱　　　　　　(b) 大小盖　　　　　　(c) 满摇盖

图 3-1 开槽箱

② 套合型，又称 03 型，如天地盖类，如图 3-2 所示。

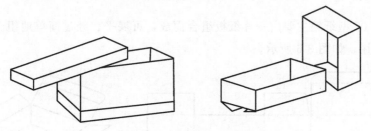

图 3-2 天地盖类套合箱

③ 折叠型，又称 04 型，通常由一片瓦楞纸板折叠成纸箱的底、侧面和盖，不用钉合或黏合，如图 3-3 所示。

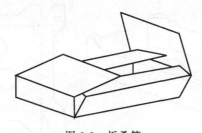

图 3-3 折叠箱

上述结构类型的纸箱可参照国家标准 GB 6543《运输包装用单瓦楞纸箱和双瓦楞纸箱》选用，即可基本上满足运输包装用瓦楞纸箱的要求。

2. 异型结构的纸箱

① 抽屉式，又称 05 型，如图 3-4 所示。

② 两档装钉而顶上是插入式，又称 06 型，如图 3-5 所示。

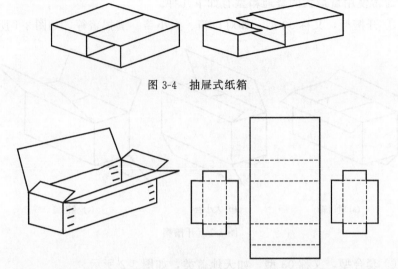

图 3-4　抽屉式纸箱

图 3-5　两档装钉、主体是整体、顶上是插入式的纸箱

③ 07 型纸箱主要由一片纸板组合而成，可展平、经过简单地组合成型即可使用，如图 3-6 所示。

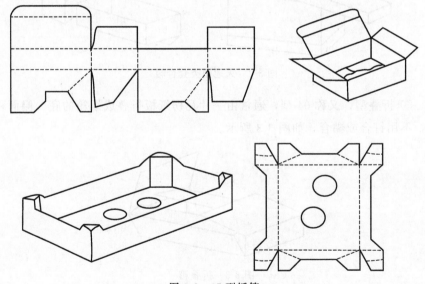

图 3-6　07 型纸箱

三、 瓦楞纸板楞型与形状

1. 瓦楞的形状

瓦楞的形状有 V 形、U 形和 UV 形，如图 3-7 所示。

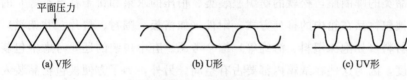

图 3-7 瓦楞的形状

用 V 形瓦楞生产出来的瓦楞纸板平压强度比用 U 形瓦楞生产出来的瓦楞纸板的高。但经平面受压损伤后就难以恢复其原形。而用 U 形瓦楞生产出来的瓦楞纸板，其瓦楞经平面受压损伤后其原形还有一定的恢复能力。但在生产过程中 U 形瓦楞的黏合剂消耗量比 V 形多。

用 UV 形瓦楞生产出来的瓦楞纸板，保持了 U 形和 V 形两种瓦楞纸板的特点。

2. 瓦楞纸箱的楞型参数

瓦楞纸板的楞型参数见表 3-1

表 3-1 瓦楞纸板的楞型参数

楞型	瓦楞高度 h/mm	瓦楞宽度 t/mm	楞数/（个/300mm）
A	4.5~5.0	8.0~9.5	34±3
C	3.5~4.0	6.8~7.9	41±3
B	2.5~3.0	5.5~6.5	50±4
E	1.1~2.0	3.0~3.5	93±61
F	0.6~0.9	1.9~2.6	136±20

在用纸一样的情况下，用越小的瓦楞生产出来的瓦楞纸板其表面平整度越好，承受的平面压力也越大，越有利于印刷。楞型越大的瓦楞，其缓冲性能越好，适合放在纸箱的里层，对被包物的保护性能优于小瓦楞。

第二节 设计技巧

瓦楞纸箱的尺寸设计会直接影响纸箱生产材料的配套、纸箱生产工艺走向、纸箱加工设备的加工能力、被包物品的保护效果、纸箱在包装产品时装箱的方便性、被包物品的装载数量和运输费用的计算。因此在设计时一定要尽量将各种相关因素都考虑进去再进行设计。

一、 纸箱尺寸表示方法

一般以纸箱的长、宽、高表示纸箱的规格尺寸，即长度（L）×宽度（B）×高度（H），单位为 mm。

在确定纸箱内径规格时，应根据被包物品的最大外径，被包物品（如硬性物品类的啤酒瓶，松软的纺织服装类、怕压的水果和饼干糕点类等）的特性，被包物品在箱内的排列方式，附件（如格板、围衬、垫片、井架类）与缓冲材料（如泡沫塑料、海绵等）综合考虑。有中包装的还要考虑中包装的总厚度，因为这些在纸箱内都要占有空间。另外，为了方便被包物品装入和取出，还要加一定的空隙，此空隙为修正系数，如三层瓦楞纸板（B型、C型、A型瓦楞纸板）箱，一般取值在 1～2mm，五层箱一般取值在 3mm 以内，设计时要最大限度地提高原材料的利用率，降低瓦楞纸箱的生产成本，为顾客节约包装费用。

二、　瓦楞纸箱内径的计算公式

瓦楞纸箱内径的计算公式为：

纸箱内径＝包装物品的最大外尺寸（mm）×被包物品（或中包装）在纸箱内某方向上的排列个数＋［被包物品（或中包装）在纸箱内某方向上的排列个数－1］的公差系数＋附件（如格板、围衬、垫片、井架类）或者是缓冲材料的总厚度。

三、　瓦楞纸箱外径的确定依据

瓦楞纸箱外径尺寸一般是考虑运输工具（如车辆装载空间、集装箱或托盘尺寸）来选择，然后依据确定的纸箱外形尺寸来排列组合被包物品的码放方式，达到满足机械化作业的要求，最大限度地提高运输效力，降低运输费用。

运输包装件的平面尺寸，可通过用整数去乘或除包装模数尺寸求得。运输包装件的包装数尺寸为 600mm×400mm 和 550mm×366mm。

在确定纸箱外径时，为满足托盘和集装箱的要求，重点在优化纸箱底部长、宽尺寸的比例，可优先选用以下底面积的外径尺寸（单位为 mm）。

600×400、300×400、200×400、150×400、120×400

600×200、300×200、200×200、150×200、120×200

600×133、300×133、200×133、150×133、120×133

也可参照 GB 4892《硬质直方体运输包装尺寸系列》选用其他规格的尺寸。

四、　瓦楞纸箱材料利用率的优化设计

瓦楞纸箱规格与原纸材料利用率的优化选择见表 3-2。

表 3-2 开槽型纸箱的用料比较

比例	箱型	纸箱的长×宽×高/m	体积/m³	用料/m²	百分比/%
2∶2∶1	正方形	0.40×0.40×0.20	0.032	1.02	100
2.5∶1.6∶1	长方形	0.50×0.32×0.20	0.032	0.9048	88.7
2∶1∶2	长方形	0.40×0.20×0.40	0.032	0.78	76.5

从表 3-2 可以看出,当开槽型纸箱的体积一样,而长、宽、高的比例不同时,生产纸箱的原纸材料消耗是不一样的。因为纸箱耗料主要在摇盖上,而纸箱内、外摇盖的大小又取决于纸箱的宽度,只有当纸箱长∶宽∶高的比例为 2∶1∶2 时,所用原纸材料的消耗量才最少。

五、 纸箱展开图样用线与画法

纸箱展开图样用线的型式见表 3-3,展开图画法如图 3-8 所示。

表 3-3 纸箱展开图样用图线型式

图线型式	图线意义
————————	轮廓线或裁切线
━━━━━━━━	开槽线
– – – – – – – –	内折线
—·—·—·—·—	外折线
– — – — – — –	向内侧切痕线
—— —— ——	向外侧切痕线
▪▪▪▪▪▪▪▪▪▪▪▪	对折线
··················	打孔线
∿∿∿∿∿∿	软边切割线
⌒⌒⌒⌒⌒⌒	撕裂打孔线
ǀ ǀ ǀ ǀ ǀ ǀ ǀ ǀ	钉合接封口
＜＜＜＜＜＜	胶带封口
＾＾＾＾＾＾	黏合封口

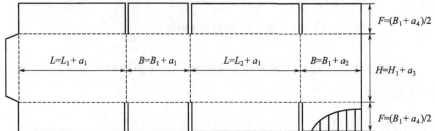

图 3-8 展开图画法

L、B 及 H、F 为展开尺寸,L_1、B_1 及 H_1 为内尺寸,a_1、a_2、a_3、a_4 为伸放量,摇盖 F 的计算式中 (B_1+a_4) 为奇数时加 1

绘制瓦楞纸箱展开图时，瓦楞纸板应呈展开放平状态。按比例画出，当瓦楞纸箱是由两片以上纸板组成时，应分别画出，如图形相同时可只画 1 个图形，当瓦楞纸的瓦楞方向在不致引起误解时可省略，否则应在图样上标注瓦楞方向，见图 3-8。当有正、反面要求时，应在视图上标注或在技术要求中说明。

标注瓦楞纸箱立体图或三视图尺寸时一般应标注内尺寸，标注展开图尺寸时一般应标注展开尺寸（制造尺寸），如需要标注其他尺寸应在图样上注明，并注明允许公差。

六、 纸箱、 纸盒立体图样

绘制立体图样，通常瓦楞纸板厚度可省略不画，按图 3-9 中的图形制作。

绘制瓦楞纸箱图时，应优先采用表 3-3 中规定的图线，并且同一图样中同类图线的宽度应基本一致，内折线、外折线，间断线的线段长度和间隔应大致相等。

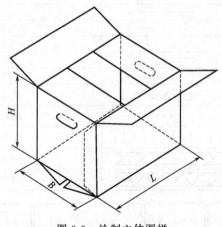

图 3-9　绘制立体图样

立体图样中的图线，应按上述要求画线，立体图样中的不可见轮廓线一般可省略不画。

七、 附件结构设计

1. 异型纸箱与纸盒的锁扣设计方法

这些锁扣方法适合于中包装和细瓦楞纸盒，其结构方式见图 3-10。

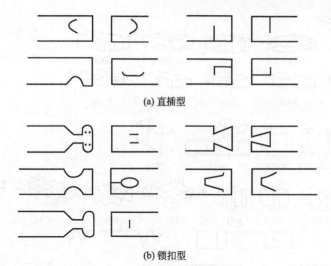

(a) 直插型

(b) 锁扣型

图 3-10　异型纸箱与纸盒的锁扣设计

2. 纸箱附件设计

纸箱附件在包装和保护被包物品方面，可对被包物品起到隔离、定位、缓冲、支撑、加固作用，对瓦楞纸箱的抗压能力还可起到补强作用，见图 3-11。

八、　瓦楞纸箱加工工艺尺寸设计

1. 瓦楞纸箱的加工工艺尺寸设计示例

瓦楞纸板毛坯长＝（纸箱内径长＋半个瓦楞纸板厚度）＋（纸箱内径宽＋1个瓦楞纸板厚度）＋（纸箱内径长＋1个瓦楞纸板厚度）＋（纸箱内径宽＋半个瓦楞纸板厚度）＋搭接舌头＋印刷开槽分切毛边 5mm。

瓦楞纸板毛坯宽＝上摇盖压痕线〔（纸箱内径宽÷2）＋四分之一的瓦楞纸板厚度〕＋（纸箱内径高＋1个瓦楞纸板厚度）＋下摇盖压痕线〔（纸箱内径宽÷2）＋四分之一的瓦楞纸板厚度〕。

各种楞型构成的瓦楞纸板，在加工成瓦楞纸箱时均可结合被包物品后参照上述公式加伸放量。举例如下。

例1　A/B楞五层结构，一页成型瓦楞纸箱的加工工艺尺寸伸放方法

瓦楞纸板毛坯长＝（纸箱内径长＋5mm）＋（纸箱内径宽＋8mm）＋（纸箱内径长＋8mm）＋（纸箱内径宽＋5mm）＋舌头45mm＋印刷开槽分切毛边 5mm。

瓦楞纸板毛坯宽＝上摇盖压痕线〔（纸箱内径宽÷2）＋2.5mm〕＋（纸箱内径高＋8mm）＋下摇盖压痕线〔（纸箱内径宽÷2）＋2.5mm〕。

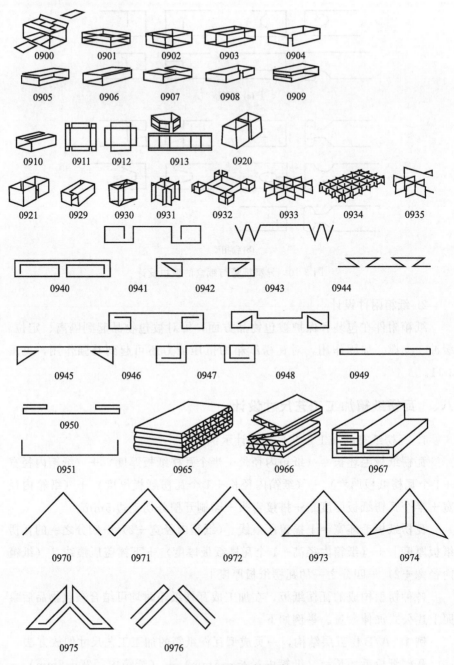

图 3-11　纸箱附件设计

例 2　以外径尺寸为依据设计的五层 A/B 型瓦楞纸板

瓦楞纸板毛坯长＝（纸箱宽－5mm）＋（纸箱长－3mm）＋（纸箱宽－3）＋（纸箱长－5mm）＋舌头 45mm＋印刷开槽分切毛边 5mm。

瓦楞纸板毛坯宽＝［（纸箱宽－3）÷2＋2.5mm］＋（纸箱高－8mm）＋［（纸箱宽－3）÷2＋2.5mm］。

两页成形的五层A/B楞的日字型内围衬（片长×片宽）：［片长＝（纸箱宽－25）＋（纸箱长－25mm）＋舌头45mm］×［片宽＝纸箱外径尺寸高－23mm］

中隔板（片长×片宽）：片长［舌头45mm＋（纸箱外尺寸宽－35mm）＋舌头45mm］×片宽［纸箱外径尺寸高－23mm］

例3 以纸箱内径为依据A/B楞五层结构，二页成形瓦楞纸箱加工工艺尺寸伸放

瓦楞纸板毛坯长＝（纸箱内径长＋6mm）＋（纸箱内径宽＋5mm）＋舌头45mm＋印刷开槽分切毛边5mm。

瓦楞纸板毛坯宽＝上摇盖压痕线［（纸箱内径宽÷2）＋2.5mm］＋（纸箱内径高＋8mm）＋下摇盖压痕线［（纸箱内径宽÷2）＋2.5mm］。

例4 A/B楞五层结构，以纸箱外径为依据的，二页成型瓦楞纸箱加工工艺尺寸伸放

瓦楞纸板毛坯长＝（纸箱外径长－9mm）＋（纸箱外径宽－5mm）＋舌头45mm＋印刷开槽分切毛边5mm。

瓦楞纸板毛坯宽＝上摇盖压痕线［（纸箱外径宽÷2）＋2.5mm］＋（纸箱外径高－3mm）＋下摇盖压痕线［（纸箱外径宽÷2）＋2.5mm］。

2. 纸箱内部附件的加工工艺尺寸

将纸箱内尺寸作为附件的外尺寸另外考虑加5mm空隙（附件装入箱内所需空隙）进行设计。0201型纸箱的参考伸放量见表3-4

表3-4 0201型纸箱的参考伸放量

纸板类别	楞型	伸放量/mm			
		a_1	a_2	a_3	a_4
单瓦楞纸板	A楞	6	4	9	4
	C楞	4	3	8	3
	B楞	3	2	6	1
双瓦楞纸板	AB楞	9	6	16	6
	BC楞	8	5	14	5

注：表中 $a_1 \sim a_4$ 为伸放量，此表只是示例。因为伸放量会受设备、加工方法、所用原纸及封箱方法等诸多因素的影响，故在新包装设计时，应制作样箱试装，反复改进后，才能得出该纸箱较实用的伸放量的值。

0201型纸箱外尺寸与内尺寸的关系：

$$L_o = L_i + （纸板厚度×2）$$

$$B_o = B_i + （纸板厚度×2）$$

$$H_o = H_i + （纸板厚度 \times 4）$$

式中，H_o、B_o、L_o 分别为纸箱外尺寸；L_i、B_i、H_i 分别为纸箱内尺寸。

九、 唛头、 墨稿设计要考虑的工艺问题

唛头、墨稿设计要尽量减少印刷满版实地大面积的色块、图案、文字，因为实地印刷面积越大，所消耗的油墨量也越大，对瓦楞纸板的瓦楞损伤也会越严重，尤其是用硬度较大的橡胶版印制瓦楞纸箱。如在瓦楞纸箱的箱身印刷大面积实地，还会严重损伤瓦楞纸板的瓦楞，引起瓦楞纸箱的抗压强度降低。文字的字号不要太小（低于五号字），用橡胶版印刷时，过细的文字线条在印刷过程中易变形或磨损而掉笔划。墨色最好选用原色，以减少调制、复配墨色的麻烦。颜色的设计和使用还要考虑制版与印刷工艺（所用颜色越多，套印的次数和工艺就会越复杂），另外，还要考虑图案变化的表现效果、印刷内容、使用对象与环境对颜色的要求。像商品条码的印刷位置、缩放比例和颜色应用就有特定的要求。如它的用色首先要考虑商品进入流通后，要保证条码遇到各类扫描仪和条码识读设备时，能被扫描仪和条码识读设备快速读译和识别条码内容。

因为条码识读是通过条码符号中条、空对光反射率的比较来实现识读的，不同颜色对光的反射率不同。一般来说，浅色的反射率较高，可作为空色即条码符号的底色，如白色、黄色、橙色等，深色的反射率较低，可作为条色，如黑色、深蓝色、深绿色、深棕色等。

由于条码识读器一般用波长 $630 \sim 700mm$ 的红色光源，红光照在红色上时反射率最高，因此红色绝不能作为条色，而只能作为空色，以深棕色作为条色时，也必须控制其中红色成分在足够小的范围内，否则会因红色的作用而影响条码识读。

当装潢设计的颜色与条码设计的颜色发生冲突，应以条码设计的颜色为准改动装潢设计颜色，或留出专用空白块面印条码。

运输标志、仓储图案标志设计与制作，应按《包装储运图示标志》（GB 191）和《危险货物包装标志》（GB 190）规定的图示标志进行设计制作。

在设计印刷唛头时要考虑印刷版延伸，印刷版本身不会发生收缩和伸长，但当印刷版装在印刷机的版辊上时，在绕版辊圆周方向会延伸。因此，在设计时应考虑印刷版的延伸率，一般情况下印刷版的延伸率取为 98%，以保证印刷产品图案不变形。

墨稿设计完毕必须进行仔细审核校对，然后打印样稿让顾客确认，否则

会因小小的错误导致批量性质量事故的发生。

如瓦楞纸箱印刷面出现最多的是文字和字母,当唛头设计完成后,一定要对所有文字和字母逐一校对。因在版面设计进行文字或字母输入与拷贝过程中,经常会出现多字、漏字、错字的现象,如果设计完成后,未对所有文字和字母、图案、标志、符号、代号等进行校对,则极易发生错误,造成整批产品报废的严重质量事故,所以唛头设计完后一定要执行设计、校对、审批三分制,确保设计质量准确无误。

第三节 设计输出

1. 制作工艺要求(生产施工单)

一般施工单上的内容包括客户名称、产品名称、产品的规格尺寸(是内径还是外径)、箱型结构(是0201、0203,还是异型箱)、是否有附件、附件的结构形式、纸箱加工展开图、它们的原纸用料情况(包括面、里、瓦、芯的用纸品种、定量、规格)、瓦楞的楞型(是A楞、C楞、B楞,还是E楞)、几层纸板(二层、三层、五层还是七层)、使用印刷版的种类(是树脂版还是橡胶版、丝绢版)及印刷内容、产品接合方式(是钉合还是粘箱)、几页成型、防潮处理要求及防潮处理的材料类型、工艺流程及走向、纸箱成品的包装数量要求。

2. 墨稿图样

墨稿图样应包括图案、标志、详细的文字内容、印刷的字体和字的型号、是否套色、颜色种类和颜色的相貌、印刷面积、印刷位置与印刷尺寸的具体参数等的详细规定和说明。

3. 实物样品

即制作出来的纸箱和附件实物。主要用于对整个设计结果进行审核和验证,并给顾客试用和确认,同时留有样品作后续生产、检验、交附和顾客用作验收备查之用。

4. 质量要求

根据被包物品的流通渠道、仓储条件不同、被包物品的差异,纸箱的物理性能指标和执行标准也不一样。如内销纸箱适用于《瓦楞纸箱》(GB 6543),军需物资适用于《军用瓦楞纸箱》(GJB 1109),如果顾客还有其他特殊技术质量要求,要用文字、图样或文件等形式详细交代清楚,便于生产各环节重点抓好控制。

5. 生产工艺流程

根据纸箱产品技术要求的不同,如有的需经过彩印,有的是超大型纸箱，有的需钉箱，而有的又要求粘箱，有的由多层同一楞型构成，有的则结构特殊，有的又受部分生产设备加工能力限制。根据这些不同情况，在确定纸箱生产工艺流程时，要以用工量最少、生产流程最短、费用最低、能利用现有设备的加工能力、确保产品质量、确保按期交货为原则，来确定最佳生产工艺流程。

瓦楞纸箱生产流程因各企业的设备配套情况和自动化程度的不同而有区别。最典型的如下：

① 瓦楞纸板自动生产线→印刷开槽机→钉箱→成品打包入库。

② 单面机压瓦楞→裱胶机裱合→印刷机印刷→分纸压线→切角开槽→钉箱→打包入库。

胶印机印刷彩色面纸→面子覆膜（或上光）

↓

③ 单面机压瓦楞→贴面机贴面→模切机成型→粘箱机粘接→打包入库。

6. 审核、检测、鉴定结论

对设计好的生产工艺规定与流程、墨稿内容、用料、用色、版面安排以及对制作好的实物样品的物理性能、规格尺寸、外观质量要进行审核、测试并出示综合鉴定结论。

7. 材料消耗定额

材料消耗定额的计算方法如下。

原纸定额的测算＝用料长×宽（面积）×层数×克重×瓦楞纸的收缩率（控制定额）×损耗率（1.11）＝消耗定额（瓦纸收缩率：A 楞＝1.59、B 楞＝1.36、C 楞＝1.50、E 楞＝1.27、A/B 楞＝1.48×2）。

黏合剂用量测算＝用料面积×指数＝控制定额×损耗率（1.11）消耗定额（指数：三层为 $0.02/m^2$，五层为 $0.04/m^2$）。

油墨用量测算＝用料面积×指数＝控制定额×损耗率 1.05＝消耗定额（指数为 0.001，调墨油＝油墨×0.1）。

扁丝用量测算＝用钉口数×指数（0.0005）＝控制定额×1.05＝消耗定额。

包装用聚酯捆扎带：无论主箱或者附件都可按 0.001 的指数。

机器（上塑）防潮处理＝用料面积×0.029×1.03＝消耗定额。

手工（上塑）防潮处理＝用料面积×3/4×0.009＝消耗定额。

第四章　瓦楞纸板生产

第一节　瓦楞纸板生产线

要想用瓦楞纸板自动线生产出好瓦楞纸板，首先要抓住五个要素，即设备、原纸、黏合剂、温度及人员素质。其中，设备是首要因素。这方面先要抓住各台设备的相关间隙及间隙的调节和压力调节，使设备发挥出正常水平，尤其对自动线的相关间隙要有所了解。下面简要介绍间隙的调节方法与要求。

一、单面机瓦楞辊平行度调整

瓦楞辊的平行度分齿向平行度和轴向平行度。所谓平行度，是指上、下瓦楞辊轴的同心度和瓦楞齿间的平行程度，瓦楞辊平行度如果没有调好，就会导致压出的瓦楞出现瓦纸两边的收缩率不一致，瓦楞纸板两边的厚度不一致或出现瓦楞被压破、倒楞、荷叶边等毛病。瓦楞辊平行度不好，一是因设备在安装时调整不到位；二是生产一段时间后，由于受高温、高压及运行磨损而导致瓦楞辊的平行度发生变化，所以要定期对瓦楞辊的平行度进行检查和校准。

如果瓦楞辊平行度不好，可通过调整上瓦楞辊的偏心轮慢慢进行校准，试验方法可采用复印法进行压痕验证，即将一张复写纸夹在两张白纸之间，然后分别在操作侧、传动侧及瓦楞辊中央三处，将其放入缓缓转动的两瓦楞辊之间，选用的两张白纸总厚度应与实际生产的瓦楞原纸厚度大致相同，一般为25～30丝。通过上、下瓦楞辊的相互啮合转动，将楞痕由复写纸复印在白纸上，通过对比三处压痕宽度及颜色深浅来判断瓦楞辊的平行程度，直到三处压痕相同为止。在进行压痕试验时，需适当减轻瓦楞辊间的压力，切断蒸汽，使瓦楞辊温度消失后方可试验，以保证压痕试验效果。用此种方法调瓦楞辊的平行度虽然耗时，但原纸浪费少。

如果是有经验的机械师，也可在开机状态下，通过直接调整上瓦楞辊的偏心轮，来校正上下瓦楞辊的平行度，见图4-1

二、匀胶辊与施胶辊的间隙调节

匀胶辊与施胶辊的间隙决定着施胶量的大小，间隙小上胶量小。反之则

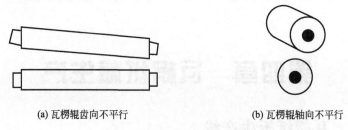

(a) 瓦楞辊齿向不平行　　　　　(b) 瓦楞辊轴向不平行

图 4-1　瓦楞辊平行度的调整

大。该间隙一般控制在 0.2～0.4mm，施胶量的大小将直接影响瓦楞纸板的质量。施胶量小时可能引起纸板黏合不好，或出现假黏；但当施胶量过大时，则易引起胶料难以糊化，导致纸板黏合不良和纸板水分含量高，另外也易导致纸板出现翘曲，纸板与纸箱的强度下降。当胶量太大时还会引起生产机速跑不起来，增加电能和蒸汽的消耗，降低劳动生产率。因此对这一间隙一定要按要求调整到最佳位置。

三、双面机的两个重要间隙

1. 浮动辊与上胶辊的间隙调节

这一间隙既要保证瓦楞纸板能通过，又要保证瓦楞纸板正确施胶（间隙是相对所通过纸板厚度而言的）。如果间隙调得太小，易造成瓦楞压扁，施胶面增大，纸板水分含量增高，机速提不起来，并产生一些其他质量毛病。因此，在调节这一间隙时，一定要以瓦楞纸板的实际高度为依据来调节。一般来说，合格瓦楞纸板的高度是，A 楞的楞高 4.5～5.0mm，C 楞的楞高 3.5～4.0mm，B 楞的楞高 2.5～3.0mm。但是当施胶间隙调得过大时，易引起瓦楞峰上施不到胶，或施胶不均匀而导致瓦楞纸板黏合不良。

2. 匀胶辊与上胶辊的间隙调节

该间隙与单面机的原理相同，也决定着上胶量的大小，不同的地方在 A 楞、C 楞、B 楞的楞高及楞宽是不一样的，所以施胶的间隙也不能调节成一样大小，要各有不同。一般来说，紧贴热板的瓦楞可稍微多施一点胶，而处在夹芯层的瓦楞施胶量则以少为佳，因为夹芯层受热能力比紧贴热板的面纸受热差，如果施胶量过大易导致胶料难以糊化，从而引起瓦楞纸板黏合不好或瓦楞纸板含水量较大。

四、几个用压缩空气产生压力的调节

1. 上下瓦楞辊间的压力调节

这一压力是瓦楞成型的重要因素，气缸的气流来自空压机，要想在压力

控制上取得一个稳定值，首先应保证空压机的输送量达到最大，在操作台上的气阀旋钮，是供操作工在所需的压力范围内选择相应压力值用的，这个压力值一般为4~8kgf（1kgf≈9.8N），对于进口纸、厚纸板，则该压力值要取大一点；而对薄纸，则可适当将压力值减小一点。如果气缸压力小或无压力，可进行相应检查——先检查进气的气管是否有气，如果有气，则再检查进气缸处的气管接头处是否有气，如果没有，可能是气压调节阀有问题；如果有，而气缸仍无压力，可能是气缸有问题，应对气缸作进一步的排查，看是否有问题。需要强调的是，开机前切记，在瓦楞辊空转时，不要对其施加压力。因为空转时加压，易造成瓦楞辊不必要的快速磨损。而且一对新瓦楞辊价值为6万~8万元，如果减少了瓦楞辊的磨损，实际上就是延长了瓦楞辊的使用寿命，降低了瓦楞辊的更换频率和维修费用。

2. 瓦楞纸压力辊的压力调节

瓦楞纸在瓦楞辊上成型后，由施胶辊在瓦楞峰上迅速施胶，并经压力辊的快速压合，使瓦楞纸板迅速形成黏结。此处的压力也要适中，过小易造成黏合不好，压力过大易把瓦楞纸或者是里（夹纸）压破，同时也易造成瓦楞辊和压力辊的快速磨损。此处的压力调节范围一般为5~8kgf。在使用厚纸或进口纸时，此处的压力也可适当调大一点。反之，应适当减小。

3. 天桥上的张力调节

该张力对纸板在热板中的黏合、纸板的平整度、走纸的均匀性有很大的关系。此处的张力，有用控制吸风量来调节的，有用气缸压力调节的，也有用弹簧方式调节的，不论是哪种方式都应调节好。缺少此张力不行，因为单面瓦楞纸板在进热板时容易引起弹动或被拉断，成型后的纸板也易引起开胶，或出现洗衣板状的质量毛病。当张力过大时，则易引起单面瓦楞纸板拉断而造成停机。因此该处的张力应适当控制好。

五、 纵切刀

纵切刀，尤其是硬质合金圆切刀（又称薄刀），因其具有极高的耐磨性、硬度与脆性，如正确使用，能提高瓦楞纸板的分切效果，延长刀片的使用寿命；反之，极易造成刀片破碎。而且此刀价格昂贵，一片就是1000多元钱。高速钢的纵切刀片，价格要低得多，但质量不好。因此在使用硬质合金圆切刀时，要注意以下事项：硬质合金圆切刀硬度高、耐磨性好，但脆性大，所以在搬运、管理和使用这种刀片时，要轻拿轻放，平直放置，不能与其他钢件等硬物发生碰撞；确保设备的精度水平与硬质合金圆切刀相匹配，精度太低，设备震动大，也易导致刀片破碎。

1. 装夹刀片时的注意事项

① 装刀前要检查刀盘运转跳动量是否正常，装夹面是否平整。

② 装刀时，应检查刀盘上是否有异物，并将刀盘擦拭干净后，方可装入刀片，在紧固刀盘螺栓时，应对角紧固，用力要均匀，松紧要合适。最好在刀片和法兰盘间嵌上薄纸垫圈，以缓冲刀片和刀盘之间的强度配合。

③ 调整刀片位置至托纸架中央，同时调整托纸架高度，至刀片嵌入刀槽5～10mm，刀片距刀槽两边要均匀地留有缝隙，然后锁死托纸架，严禁托纸架在运转中松动移位，严禁刀片与刀槽发生摩擦。

④ 空转检查刀片运转跳动是否正常，有无摩擦，刀片是否运转在刀托中央（刀片未装正运转时刀会走S形）。

2. 修磨刀片刃口时的注意事项

① 首先检查砂轮座螺栓是否松动。装上砂轮后，检查砂轮端面跳动是否过大，否则磨刀片时，刀的刃口易产生锯齿。

② 正确调整刀片与砂轮间隙，要求两片砂轮与刀片的间隙必须达到相同，否则，磨刀时将产生扭曲现象，造成刀片破裂。

③ 砂轮磨刀片的角度和刀片刃口倾斜度要大致相当。

④ 要正确配置人造金刚砂轮。砂轮过粗或过细，均影响刃磨效果，比较合适的粒度一般是180～240。

⑤ 磨刀时，选择的空气压力一定要在2kgf以内。否则，极易由于冲击过大，造成修磨时刀片破损，或采用手动，凭手感轻轻修磨锋利即可。

⑥ 修磨刀片时，一定要小心轻磨，切忌频繁去磨，要视刀的锋利程度和裁切的瓦楞纸板质量而定，频繁磨刀会缩短刀片的使用寿命。

六、 瓦楞纸板横切

横切刀裁切瓦楞纸板，是通过剪切方式进行的，对横切刀的安装和调节要注意如下方面的问题。

① 安装和调试横切刀，要求由有经验的机械师进行安装和调试。一般好横切刀的刃口是镶了较好钢材制成的。在安装和调试横切刀时，不准用硬物敲击刀体。

② 安装新刀时先安装下刀，下刀的螺丝孔是固定的，可先在整把下刀的长度方向上，均匀固定横切刀的4～5个点，上刀有走马槽，安装完成后要慢慢转动横切刀，不准高速试机，以防损坏刀具，并用千分表检查刀运转的圆周跳动误差，其圆周跳动误差要控制在0.03mm以内。

③ 装好的新刀一般要磨合 40h，当生产 600h 后要检查 1 次上下刀的咬合间隙，重新进行调校。确保生产出的瓦楞板产品刀口光洁无毛刺，符合质量要求。

④ 检查横切刀的调试效果，可采取裁切报纸进行验证。对没有切断和有毛刺的地方再进行微调，直至符合要求为止。

七、 热板部位的维护

要保持热板和传送皮带的清洁，使瓦楞纸板能与热板贴紧受热才能生产出合格的产品。要保持热板部位能提供良的加工温度，加工瓦楞纸板所需的温度有两点作用，一是使淀粉黏合剂糊化后黏结各层纸板；二是烘干纸与纸板中的水分。

1. 生产瓦楞纸板常用的加热方式

目前，生产瓦楞纸板常用的加热方式如下。

① 用煤把水烧热形成蒸汽加热设备，或者用煤把导热油烧热设备（一般是 320 号重油）来加工瓦楞纸板。

② 使用二次干净能源，如柴油、石油液化气、天然气或者煤气以及用电加热来生产瓦楞纸板。

第一种方式能源费用低，但环境污染严重，第二种方式能源耗费高，但对环境保护有好处，可减少环境治理费用。在城市中心地带使用二次能源生产瓦楞纸箱的较多。

2. 使用不同加热方式的瓦楞成型工艺时的注意问题

（1）用蒸汽加热瓦楞纸板 要尽量减少蒸汽管线在外暴露，做好蒸汽管线输送保温工作，减少热能损耗，提高热能利用率。要求各疏水阀完好畅通并能有效排放冷凝水，确保设备达到瓦楞纸板加工的工艺温度要求。尤其是冬季和使用年限较长的疏水阀，要按规定的周期检校排水效果。

（2）用电加热生产瓦楞纸板

① 控制瓦楞辊温度，正式生产前要提前预热瓦楞辊，检查瓦楞辊温度是否达到工艺要求，用测温仪测定。当温度达到 170～190℃时证明温度已达到工艺要求。无测温仪可采取吐上少许水在热瓦楞辊上观察，当水迅速变成水珠浅走时，说明温度已达到要求，可以开机生产。

② 当瓦楞辊达到工艺要求后，如果在未开机的状态下，瓦楞辊上不准有原纸，以防瓦楞辊的温度继续升高后，导致纸张燃烧起火。

（3）用导热油加热方式生产瓦楞纸板 开机时应先启动热油泵，点火升温，停机时应先停火，热油泵要继续运行，直至导热油的温度降到 100℃以下才能停泵。在导热油系统运行时,对重点的部位,如热油泵、过滤器、膨胀油箱、液位计、温度计要经常进行检查,发现异常现象要及时采取有效措施纠正。严禁水及其他低沸点物质混入导热油中,不同类型的导热油不能混用,以防发生事故。停电时,首先要停止加热及鼓风,并把燃煤余火除尽。导热油系统中的过滤器应定时进行清洗及检修。对导热油定期(最好半年为宜)进行 1 次检测。当酸值、黏度、闪点、残碳四项指标超过报废指标时,应及时进行添加或更新。对整个导热油循环管线的接头部位,一定要严格密封,防止导热油泄漏。

另外,要防止膨胀油箱溢油以防造成火灾和烫伤人员。因此应做好如下两点。

① 导热油脱水和升温的速度不要太快。

② 因热油泵发生故障或系统漏油,或因突然停电造成系统循环中断,这时,因炉膛中温度很高,油温在瞬间会迅速上升,此时要迅速停止加热、停止鼓风、扒出炉膛中燃烧的煤及余火。

要生产出高质量的产品,必须对原纸的水分、纸张的厚薄、纸在预热器上的穿绕方式以及施胶量和生产机速作适当的调整和控制。理想状态下蒸汽压力、温度与生产机速的关系见表 4-1。

表 4-1　理想状态下蒸汽压力、温度与生产机速的关系

蒸汽压力 /(MPa/cm²)	温度 /℃	机速 /(m/min)
0.6	150	30
0.7	160	40
0.75	165	50
0.8	170	60
0.9	175	80
1.0	180	100
1.2	185	150

生产过程中一定要注意蒸汽的压力,并控制好生产机速。因为压制瓦楞时,瓦楞纸的每一个瓦楞在瓦楞辊上受热和加压的时间只有 0.0ns,当机速过快和原纸含水分量较高或原纸较厚时,会引起黏合剂受热不够,淀粉未糊化而导致黏合不良,并引起瓦楞成型不好和纸板开胶。

整条瓦楞纸板生产线是一个整体,如果其中一台机器出故障,将会引起全条自动线都开不动,所以上下各机台在开机和关机时,都要打铃(发信号)或用人的肢体语言(如手势或动作)进行沟通,使全线协调一致,同心

协力一起完成生产任务。

八、 温度

在瓦楞纸板生产中，温度对黏合剂的糊化、瓦楞成型、瓦楞纸板外观质量和物理性能指标、生产效率、能源利用有直接的影响。

目前，在瓦楞纸板线生产中使用的黏合剂是淀粉半生胶，而半生胶在没有温度的配合下是无法将瓦楞纸板进行黏合的，只有当温度达到56～65℃，加了烧碱的合格半生胶才能彻底糊化，使瓦楞纸板形成黏合。在单面机生产时，瓦楞峰施胶前后的温度会有较大变化。楞峰施胶前的温度，从最高到施胶后温度瞬间被胶水迅速吸收糊化而温度开始降低，胶体随降温而冷却凝固，使瓦楞纸板形成粘接。

瓦楞原纸经瓦楞辊压制成型的最佳温度为170～190℃，温度低于170℃只能降低机速生产，不然瓦楞定型不好，且瓦楞纸板的平压强度、边压强度达不到最佳状态。

瓦楞纸板加工过程中，因受各层原纸的定量、原纸的含水率、生产机速的不同和各层原纸在自动线各预热部位的受热（温度）状态不同，各层原纸会呈现出不同的变化。原纸定量高、水分大、机速快生产出的瓦楞纸板的平压强度、边压强度相对低。而各层原纸因定量差、水分不均、施胶量不同也会使受热（温度）不均匀而呈现各种不同状态。

单面瓦楞机的瓦楞成型温度和五层以上瓦楞纸板夹芯层的温度是瓦楞纸板生产过程中要重点控制的温度。为确保这几个关键点的温度符合工艺要求，应做好相应部位的原纸预热工作。

为保证瓦楞纸板线加工关键部位的工艺温度，对整个供热系统就应做好保温工作，防止热能从整个供热系统的不同部位出现热能散失和损耗，并要做好关键加工环节的冷凝水的排放疏通工作。

有关原纸、黏合剂、人员素质将在专门的章节中讨论。

第二节　瓦楞纸板线操作规程

一、 单面机

开机前认真检查各汽管、汽阀是否有泄漏，对各润滑部位加注规定型号的润滑油或润滑脂，按生产通知单规定的用纸规格，将卷筒纸正确安装在无轴芯支架上，因为面里纸都有正反的区别，瓦楞原纸可不区分正反面，然后打开蒸汽阀门，启动主电机，在无压力状态下慢速运转单面机，往胶盘里放胶，当蒸汽压力升至工艺要求的 8~12kgf（瓦楞辊温度达 165℃以上）时，输入原纸，缓慢匀速地运转单面机，打开瓦楞辊和压力辊的气压阀，将生产出的单面瓦楞纸板送上天桥。收班前先将施胶辊复位，关闭压缩空气阀和热源，打开旁通阀放净机内的剩余蒸汽和冷凝水，降低单面机速并让其空转，用清水将施胶辊、匀胶辊和胶盘清洗干净，清除各辊筒上的纸屑和炭化的胶渣，待瓦楞辊的温度降至100℃时方可停机，要保持设备及现场卫生（当机器长期停用时要对各辊筒表面涂上防锈黄油）。经常检查各阀门及接头部位工作是否正常，各仪表是否灵敏，计量是否准确。

单面机岗位的要求如下。

① 操作工要全面了解单面机的工作原理和整条瓦楞纸板生产线的工作原理，并能熟练地操作单面机，严格按操作程序工作。

② 生产过程中随时检查蒸汽压力和设备运行情况，发现异常及时处理，避免发生故障，努力降低不必要的损失。

③ 输入里纸与瓦纸压合，或者是输入夹芯纸与瓦楞纸压合时都要对齐纸边。

④ 认真监视卷筒纸的运转情况，防止断纸。

⑤ 随时检查瓦楞纸板的黏合情况，防止瓦楞纸板黏合不良。

⑥ 胶水不要开得太大，以免胶水因循环过快而影响使用。

⑦ 清洗单面机的胶盘时，不准把冷水冲到瓦楞辊上，以防瓦楞辊变型。

⑧ 更换同一质量和同一规格的原纸时，全线最好尽量减少停机，可采取降低机速等待。

⑨ 生产中要视天桥上的纸板存量调整单面机的生产速度，天桥上不准堆积过多的单面瓦楞纸板。非设备故障和纸质原因不能影响双面机车速。

⑩主副机手都有责任和义务解决本岗位随时发生的质量事故和隐患。

二、　天桥

对各转动部位加注润滑油，将单面机输出的单面瓦楞纸板，按先后顺序准确穿入各导纸辊，送入三重预热器，然后将两层单面纸板的夹纸器上下对齐，并调至比纸板略宽，依据纵切规格确定左、右移位，生产正常后，夹紧侧挡板，调节好各层单面瓦楞纸板的张力，准确及时向操作侧这边对齐各层纸的边缘。纠正单面纸板的偏斜走向，每个产品尾部的单面纸板通过天桥；要导正夹纸器，并控制好面纸的长度，避免进入烘干机的单面瓦楞纸板尾部与面纸尾部对不齐或长短误差太大而造成浪费。

天桥岗位的要求如下。

① 严格按操作程序生产。

② 断纸接头时要迅速准确接好断头部位。

③ 生产过程中，对天桥上的单面纸板要随时检查，发现不良情况或纸病，要及时将信息反馈给双面机和单面机。

④ 单面机天桥上纸板堆积过多时，应示意单面机减速并翻动天桥上的纸板，防止高速运行中扯断纸板，必要时示意双面机减速。

⑤ 有单面纸板接头经过夹纸器时，应将夹纸器略松开，以免再次拉断天桥上的单面瓦楞纸板。

三、双面机

开机前认真检查各电器及汽阀是否正常，并对各润滑部位及链条链轮加注规定的润滑油，然后打开各预热器的蒸汽阀，根据生产纸的层数，在相应的胶盘中放入胶水，在无轴芯支架上装上所需要的面纸，要求挂面层向下，开机后观察施胶量是否适宜，不当则调整好，将浮动辊与施胶辊的间隙调节至比要通过的单面纸板厚度小 0.2mm，且两端间隙要均匀相等，单面纸板和面纸从三重预热器输送过来后，穿过预热辊、施胶辊，将单面纸板与面纸对齐，一并送入热板，同时观察胶量是否正常，检查瓦楞峰上是否施胶均匀。生产完毕抬起压载辊，关掉胶阀，放出胶盘中的胶水，清洗施胶辊，洗净胶盘，关掉热源，打开旁通阀放掉机内的剩余蒸汽和冷凝水，抬起传输带并清除带上杂物，保持设备和现场清洁。

双面机岗位的要求如下。

① 全面掌握纸板线的工作原理，严格按操作程序工作。

② 送纸开机时，各层纸必须对齐，面纸与单面瓦楞纸板贴合不齐，最多不超过 5mm，设备运转正常后要随时检查瓦楞纸板的黏合情况。

③ 生产前务必检查胶水各项质量参数情况。

④ 根据纸质、汽压、单面机运行情况，灵活掌握全线运行速度。

四、纵横切机

开机前仔细检查，各紧固螺钉是否有松动，刀与刀槽、压线轮是否存在异常，输纸皮带是否跑偏，通过检查及时排除隐患。在更换纵切机的刀片（碗刀片）时，要认真检查刀片的厚薄是否一致，不一致的不能使用。要查看刀座上是否有灰尘和积垢，如果有要彻底清除干净后才可装刀，否则会损坏刀片，或者导致上下刀片无法靠拢而产生间隙，致使生产出的瓦楞纸板边缘有毛刺，另外上下刀片的咬合深度不宜太深。

纵横切机岗位的要求如下。

① 开机前一定要先读懂施工单及工艺要求、技术参数，严格按工艺规定调好纵切和横切规格尺寸，并核实准确后再开机。

② 在调整或更换刀片时，要注意锐利的刀锋伤手，只有在刀轴停止转动时才可对其调整、更换或检查。

③ 开机前要先行通知有关机台，出现堵纸时要马上停止机器，才可清除纸板。

④ 在调整刀或用手转动纵切机或横切机前，必须先切断电源，在生产中出现任何意外情况，都应马上按下紧急停止钮将生产线停下来，待问题处理完毕后再开机。

⑤ 生产中要严格控制产品的生产数量，并清出不合格品，对生产出来的半成品，要做标识，并填写好当班生产的报表。

⑥ 收班前要清理生产现场，打扫卫生，切断电源，收好工器具方能下班。

五、 瓦楞纸板输出与堆码

开机前对设备润滑部位加油，产品摆放五层片，每 10 片为一手，三层片每 15 片为一手，每手翻面，采取错位摆放，错位部分不超过 10cm，放在货架上的第一手纸板必须面纸朝上，以保护面纸不受损坏。

每批产品必须标明产品名称、生产日期、产品规格、生产数量，并按要求整齐码放在指定的地方。保证物流有序，不影响生产。

在生产过程中要随时清出不合格品，下班前必须清理现场搞好卫生、切断电源方可下班。

六、 自动线制胶岗位要求

必须在自动线开机前提前制胶。制胶前必须将各种材料进行准确过磅和计量，严格按配方和制胶程序制胶。胶制好后及时向各机台送胶，每桶胶抽完后必须清洗设备，打扫现场卫生，并备好下一桶制胶的材料。

第三节　常见瓦楞纸板毛病与解决办法

瓦楞纸板线生产机速很快，如发现问题应当即立断进行处理，方能将损失减少到最小，因此对各种原纸质量毛病要有快速检查的方法和处理问题的思路。发现问题时，可通过下述方法来检查处理这些问题。

① 用眼看。

② 用手摸纸板。

③ 用手撕单面纸板的黏合情况。

④ 先排查和解决易处理的问题，再解决难度较大的环节，最后解决较复杂的因素。

在自动线上，瓦楞纸板产生毛病的根源概括起来，不外乎是纸、设备、黏合剂、蒸汽温度、生产机速和操作方法。下面就针对这些具体因素提出相应的解决办法。

一、 瓦楞纸板翘曲产生的原因

瓦楞纸板翘曲与各层原纸的含水率、定量差、厚薄均匀度、各层单面瓦楞纸板的施胶量、整条瓦线的生产机速、加热温度、各处制动装置的张力调节等有关。

纸板向上翘：里纸含水率高，生产机速慢，里纸定量低，在双面机上 A 瓦楞的施胶量太大，自动线热板温度过高。纸板朝下翘：机速太快，面纸水分含量太大，在双面机上 B 楞的施胶量太大，热板温度不够。

S 形翘曲：纸板两边上胶不均匀，原纸水分横向不均匀，天桥或面纸的张力调节不当。

做好产生不合格瓦楞纸板的预防工作应从三个方面进行。

1. 把好原纸关

① 原纸含水率一般应控制在 $8\% \pm 1\%$，在整个纸幅宽度上的水分要求分布均匀，含水率高与含水率低的原纸不要搭配生产，否则易导致生产出来的瓦楞纸板出现"S"形或对角翘曲。

② 在配纸方面，面纸、里纸的克重不能相差太大，一般应控制在 $50g/m^2$ 以内，且所用纸的纤维构成最好相近，防止因原纸的收缩率不一致而出现翘曲。

③ 原纸的吸水性和脱水性要稳定。

2. 生产过程中的操作控制

① 原纸在预热器上烘干面积的控制　面纸、里纸含水不均则要通过预热烘烤来调控，如果面纸、里纸或瓦纸含水率高，则烘干面积要大，使含水率下降幅度大。如果面纸、里纸或瓦纸含水率低，则烘干面积要小，使含水率下降幅度小。

② 控制热板温度　如果面纸含水率高，可适当提高热板温度，使面纸

含水率下降；反之，则减少热板加热量。

③ 控制生产机速　纸板向上翘的原因是里纸含水率高。应该在保证瓦楞纸板黏合良好的前提下，提高生产机速，缩短面纸的烘烤时间，减少面纸的水分蒸发。纸板向下翘，说明面纸水分含量高，应降低生产机速。

④ 控制施胶量　对湿度大的单面瓦楞纸板减少施胶量，对湿度小的单面瓦楞纸板加大施胶量，来调整合成纸板的含水率，减少纸板翘曲。

3. 对已生产出来的翘曲瓦楞纸板进行后处理

因刚下生产线的瓦楞纸板是热的，湿度较大，且水蒸气还没全部散发出来或被瓦楞纸板吸收，采用以下办法进行补救处理可提高瓦楞纸板的平整度。

① 将每一手纸板按正反不同的方向整齐码放压平，或者马上用带吹风的压平机，将纸板压平后迅速将其吹冷。

② 将纸板用湿抹布在翘纸板的外面抹湿后，再一手正一手反整齐地堆码压 2 天。

二、　纸板黏合不良产生的原因

设备的温度不够，生产机速过快会引起黏合剂未糊化，或者是温度达到要求而生机速过慢引起黏合剂提前糊化后失去黏性。另外，黏合剂固含量太低，黏合剂的黏度太小或储存时间太长已变质，黏合剂的糊点太高，施胶间隙过大或过小导胶没有糊化或者施胶太少无法形成黏接，原纸水分含量太高或原纸太厚，蒸汽温度不够也会影响纸板黏合。

解决方法：提高蒸汽压力，检查疏水阀的排水情况；适当控制自动线的生产机速，检查黏合剂的质量参数是否合格；检查相关机台的施胶间隙是否符合工艺要求，检查单面机的压力辊与瓦楞辊的间隙是否符合工艺规定；换掉不合格的原纸。

三、　瓦楞纸板裁切尺寸不稳定

横切刀齿轮间有纸屑纸灰，或是齿轮轴承损坏，天桥单面瓦楞纸板堆积过多或者是运行阻力过大。热板输送皮带老化与纸板的摩擦力小而打滑，横切机无级变速齿轮啮合间隙过大或转动链条老化、松弛。横切电脑控制程序紊乱，受强磁干扰。

解决方法：检查热板部位的主电动机是否缺相，电压是否稳定，轴承是否损坏，清除横切刀转动齿轮间的纸屑，更换齿轮轴承，控制天桥纸板储存量；对天桥各导纸辊转动不灵活的轴承加注润滑油或进行更换，控制好天桥上的单面纸板张力真空吸风量；更换热板部位老化的主皮带，纠正无级变速齿轮间的间隙，更换新链条或适当调整链条张紧装置；排除强磁干扰。

四、 瓦楞纸板表面出现皱折

（1）合成纸板后的面纸出现皱折原因 面纸水分不均匀，原纸在无轴芯支架上两边的张力调节不当。

解决方法：加大面纸在预热器上的包角，调紧面纸起折那边的张力。

（2）单面瓦楞纸板的瓦纸出现皱折的原因 上、下瓦楞辊平行度未调好，导致压瓦时瓦纸的收缩率不一致。原纸两边的水分含量不一致或者两边的张力调节不当。

解决方法：调好瓦辊平行度，调紧瓦纸起折那边的张力。

（3）瓦楞纸板里纸或夹层纸出现皱折的原因 压力辊与瓦楞辊两边的间隙未调好，压力辊与瓦楞辊的平行度未调好，原纸两边的水分不均匀；原纸未预热或者预热不够，纸送入瓦楞机内未对齐，里纸在无轴芯支架上两边的张力调节不当。

解决方法：检查压力辊与瓦楞辊的间隙和平行度，换掉水分不均匀的原纸，使原纸在预热器上有足够的预热，送齐原纸，重调张力。

五、 面纸或里纸露瓦楞痕迹

面纸或里纸露瓦楞痕迹的产生原因：纸的克重太低，生产机速太慢，原纸水分过大，施胶量太大，压力辊的压力太大。

解决方法：调换克重高的纸，适当控制机速，减小施胶量，适当调轻压力辊的压力。

六、 高低瓦楞

产生的原因：瓦楞辊的楞沟内有浆渣草节，卷筒纸被摔扁不圆，导致压制瓦楞时卷筒纸出现两边甩动。瓦楞辊的温度不够，导致瓦楞成型不好，原纸水分过大，瓦纸张力过大。瓦楞辊或者瓦楞辊轴承已磨损，导致瓦楞辊在运行过程中跳动和振动。修复的瓦楞辊再次磨损，致使瓦楞辊的直径更小，导致气缸达不到规定的行程，而出现高低瓦楞、倒楞、跳楞等。

解决方法：将瓦楞辊上的浆渣草节清除干净，换掉不圆的卷筒纸；升高瓦辊温度或者适当降低生产机速，清除瓦辊上的胶渣，适当减小瓦纸张力，加大瓦楞原纸在预热器上的包角；换掉已磨损的瓦楞辊或对瓦楞辊进行修复，对经多次修复过的瓦楞辊再次被磨损的，只有作报废处理。

七、 面纸、 里纸过窄， 出现瓦楞外露或者瓦纸短缺

产生的原因：面纸、里纸幅宽太窄，各层纸的收缩率不一样，或者是各层纸未对齐。

解决方法：将面纸、里纸换成幅宽与收缩率一致的原纸，对齐各层纸的边缘。

八、 横切小规格纸板造成瓦楞纸板面、 里纸横切刀口破损

产生的原因：横切刀不快，横切机瞬时加速调节不当引起阻纸。

解决方法：换刀、磨刀、调好瞬时加速调节器的微调；将纸板规格改成双连片进行裁切。

九、 瓦楞纸板纵切产生毛刺

产生的原因：碗刀的上下刀片配合有较大的间隙，或者是刀口有缺损。如果是薄刀，则是刀片不快，刀口咬合太深，生产出的瓦楞纸板太湿。

解决方法：定期磨刀，换掉刀口变钝的刀，重新调整刀的咬合深度；将上、下纵切刀靠紧，降低生产机速，烘干瓦楞纸板水分。

十、 瓦楞纸板压线后面纸炸裂和纸箱摇盖折叠时断裂

产生的原因：纸板线机速太慢导致瓦楞纸板面纸失水严重，纸质太差，带线轮压力太重将面纸压破；或者是压线轮的压力太轻，导致压线处的瓦楞未受压，当折叠纸箱摇盖时因瓦楞太硬而造成摇盖折叠断裂；压线轮公母线轮未居中，导致压出的母线受力不均匀，出现纸箱摇盖折叠时、外摇盖线单边受力。

解决方法：提高机速，保证压线轮的压力适中，换纸，在摇盖压痕线处湿水，对准上、下压线轮。

十一、 白板纸泛黄

产生的原因：机速过慢，施胶量太大，黏合剂中用碱量过大。

解决方法：提高机速，减少施胶量，严格控制黏合剂的用碱量。

十二、 纸板倒楞、 溃楞 （ 瓦楞纸压破 ）

纸板倒楞、溃楞产生的原因与解决方法如下。

① 瓦楞辊的温度没有升起来，需提前预热瓦楞辊。

② 瓦楞两边出现对称的压倒，使瓦纸穿绕次数多且包夹角太小，张力过大。减少穿绕次数，降低纸的穿绕夹角或减小在预热器上的包夹角。

③ 无轴芯支架上的张力调得太紧，或者是无轴芯支架上的轴承无油和卷筒纸被摔扁。重新调节张力、换掉摔扁的原纸。

④ 吸附式单面机的吸力不够，检查吸气装置，包括抽真空的吸力、气孔、管道、过滤器是否通畅，密封性能是否良好。

⑤ 瓦楞原纸太湿或生产机速太快，需降低生产机速。

⑥ 瓦楞辊间的压力太大，将上瓦楞辊压力缸的压力杆距离调大，达到减小两瓦楞辊压力的目的。

⑦ 瓦楞辊的平行度未调好。瓦楞朝前倒，调整瓦楞辊的偏心轮要向后调；瓦楞朝后倒，调整瓦楞辊的偏心轮要向前调。

十三、 加工工艺不良导致瓦楞纸板边压强度和平压强度低

产生的原因：原纸水分含量过大，生产机速太快，用纸克重低，纸板施胶量过大，印刷大面积满版实底图案，印刷压力过大，纸箱生产环节过多，原纸环压强度低。

解决方法：在预热器上把所有原纸都包满。降低生产机速，把瓦纸改用低克重箱纸板，用鼓风机把刚下瓦线的热纸板中的水蒸气吹干，当印刷满版实底图案时改用回弹性好的树脂版，降低满版面的印刷压力，减轻印刷过程中每一个滚筒间对纸板的压力，减少产品加工环节，提高用纸的质量。

十四、 生产过程中断纸频率高

生产过程中断纸频率高产生的原因如下。

① 原纸内的断头未接好，或天桥上的单面瓦楞纸的接头未接好。

② 天桥上的单面瓦楞纸板堆放太多，被拉断。

③ 无轴心支架上的张力太大。

④ 原纸被摔扁。

⑤ 原纸太干。

⑥ 原纸在预热器上的包入夹角不适当。

解决办法：换掉断头未接好的原纸和被摔扁的原纸，在遇到原纸接头时马上松动制动器或按原纸运转方向推动卷筒纸。待接头过去后，再收紧制动器，减小原纸在预热器上的包夹角，翻动天桥上被堆压的纸板。

十五、 压出的瓦楞纸成荷叶边

产生的原因：瓦楞纸太宽，瓦楞辊边上的温度太低。

解决方法：使用规定幅宽的原纸，提高瓦楞辊的温度。

十六、 纸箱抗压强度低

纸箱抗压强度低，可从工艺、材料、设备、设计、箱型、保管方面采取如下办法加以解决和提高。

① 加工瓦楞纸箱时不能让箱身四条棱的瓦楞受损伤。

② 严格控制水分，保证纸箱尽可能干燥。因为纸箱含水率每增加一个百分点，其抗压强度就会降低 5％～10％。

③ 开槽不要走规，开槽深度要控制在摇盖压痕线的二分之一处，因为箱角是受力的主要部位。

④ 在价格相同的情况下，承接抗压强度要求低的纸箱。

⑤ 纸箱舌头采用黏合时，一定要黏结牢固，面、里纸不要用容易分层的再生纸，要选用紧度高的原纸。

⑥ 多用生料瓦纸，少用熟料瓦纸，或者用高强度、低克重瓦楞原纸和高强度牛皮卡纸生产纸箱。

⑦ 在印刷机上要最大限度地减少各种滚筒对瓦楞纸板的压力，适当提高印刷机车速，使纸板快速通过印刷机，减少纸板受压时间，尤其不要印刷热瓦楞纸板，达到减小印刷机对瓦楞纸板强度的损伤。

⑧ 提高瓦楞纸板的黏合强度。

⑨ 纸箱的尺寸尽量走下公差，让可承受压力的内装物承受一点支撑。

⑩ 在双面机处要严格控制施胶辊的间隙，防止瓦楞被压伤或受损。

⑪ 增加纸箱附件进行补强。

⑫ 用低克重、高强度纸来提高纸箱抗压强度。

⑬ 尽量减少纸箱加工环节对瓦楞纸板强度的损伤。

⑭ 改机械黏箱为手工黏箱，减少纸板受压环节。

⑮ 在纸箱抗压指标一样时选纸箱高度小的纸箱承接。因为纸箱高度为 20cm 的比 25cm 的抗压强度略高，高度为 10cm 的比 25cm 的抗压强度可提高 20％。纸箱超过 25cm 时抗压强度的变化不大。

⑯ 纸箱长宽比例设计选 (1：1.3) ～ (1：1.5)，其抗压强度值可处于峰值状态。

第五章 纸箱印刷

第一节 纸箱印刷设备

纸箱印刷主要有手工丝网印刷和半手工丝网印刷、机械印刷方式。

一、 手工丝网印刷和半手工丝网印刷

手工丝网印刷：用丝网版、橡皮刮墨刀、丝印色浆用手工将图案文字印刷到瓦楞纸箱上。

半手工丝网印刷：印箱印刷由丝网印刷机完成，将未印刷的半成品用手工送入丝网印刷机内同时用手工取出印刷好的纸箱。

二、 机械印刷

机械印刷是纸箱行业印刷的主要方式，主要有以下几种类型。

① 水墨印刷机（短墨路印刷机）。

② 胶印油墨印刷机（长墨路印刷机）。

③ 丝网印刷机（有全自动和半自动）。

目前，在纸箱印刷生产中，又以单色机和串联式多色水墨印刷机为主流，且水墨印刷机都是短墨路印刷机。

三、 全自动水墨印刷机的工作原理与主要结构

1. 工作原理

此类机型多采用后推式送纸，用每个机组单元的送纸轮传送瓦楞纸板。在传送过程中，瓦楞纸板面纸与印刷滚筒上的印版接触，通过第一色印版印刷出图文后，送入第二色印版印刷出第二色图文，多色机依次印刷。印刷完成后，进入压线开槽或模切单元作业，完成纸箱的印刷、压线、开槽、模切工艺。

2. 主要结构

① 送纸单元部件　送纸单元主要由前、后、左、右挡板，推板，吸风装置，除尘毛刷和上、下送纸胶辊构成。

② 印刷单元部件　印刷单元主要由网纹辊、着墨辊、印刷辊、承印辊、

带纸压轮、挂版机构和输墨隔膜泵、输墨管、回墨槽等构成。

③ 开槽单元部件　开槽单元主要由预压线轮、压线轮和开槽上刀、开槽底刀座构成。

④ 模切单元部件　模切单元主要由模版辊、砧垫辊、修磨装置和输纸压轮构成。

⑤ 堆码输出单元部件　堆码单元主要由接纸臂、输送台和收纸架构成。

⑥电气信号单元部件　电气信号单元主要由计数器、报警铃、限位信号、车速显示等构成。

第二节　印刷版的制作

纸箱印刷所用的版材种类较多，如感光腐蚀树脂版，回弹性好、耐印率高、尤其适合印刷精细文字，但价格高；激光雕刻橡胶版，印刷版制作精度和价格介于感光腐蚀树脂版与手刻橡胶版之间；丝网版，适合于小批量和异型结构瓦楞纸箱、纸盒的图文内容印刷；手刻橡胶版，优点是成本低廉，制作简单，且方便快捷，适合于印刷低档产品；PS 版，主要用于生产高档彩色胶印包装纸箱。下面着重介绍柔印树脂版、激光雕刻橡胶版和丝网印刷版的制作方法。

一、柔性树脂版

柔性树脂版的制版设备有 TMD-762 型制版机，此设备可对树脂版进行曝光、洗版、去黏、烘干；TM-KB900 型拷贝机，用于制作底片。

（一）底片的制作

1. 显影与定影

（1）显影、定影所需工器具　500g 天平、1400～1500 波美计、1000mL 量杯、100℃温度计、显影盘、定影盘、镊子、晾晒夹、另需暗室一间。

（2）底片冲洗程序　水洗（30s，目的是湿润感光乳剂）→显影（8～12min）→停显或水洗（30s）→定影（10～20min）→水洗（15～20min），晾干。

（3）显影液配方

①D-76 显影液

温水（52℃）	750mL
米吐尔	2g
亚硫酸钠	100g

对苯二酚	5g
硼砂	2g
加水至	1000mL
pH 值	8.4～8.7

显影温度为18℃，显影时间需8～12min。显影温度20℃；显影时间为5～10min。

② D-76R 补充液

温水（52℃）	750mL
米吐尔	2g
亚硫酸钠	100g
对苯二酚	7.5g
硼砂	20g
加水	1000mL

D-76原液1000mL，可冲0.146cm² 底片，每冲洗1次要加90mL补充液。

③PQ-FGF 显影液

温水（52℃）	750mL
无水硫酸钠	100g
对苯二酚	5g
硼砂	3g
硼酸	3.5g
溴化钾	1g
菲尼酮	0.2g
加水至	1000mL

PQ-FGF原液具有保存性能好，显影能力强，反差柔和，稳定性好，显影活性强，影调丰富，显影温度在20℃时，在盆子里的显影时间为9～13min，罐显时间为12～16min，但性能不易掌握，初学者以用D-76显影液为佳。

（4）定影液配方

① F-5 酸性坚膜定影液

温水（60～70℃）	600mL
硫代硫酸钠	240g
亚硫酸钠	15g
28％乙酸	48mL

硼酸	7.5g
铝钾矾	15g
加冷水至	1000mL

注意，加铝钾矾时，药温不要超过30℃，这是柯达公司推出的集停显、定影、坚膜三合一的配方，在国际上最为常用，性能也较全面。

定影时间为10～20min，用于照片定影时间为5～10min，时间短不易定透，定影时间过长，则反差和密度会削弱，若定影液渗入相纸纤维过多，会增加水洗难度。

② 简单定影液

水（52℃）	750mL
硫代硫酸钠	240g
无水硫酸钠	10g
加水至	1000mL

温度在16～24℃时定影10min。

该药配制简单，但易污染，不易保留，适宜作少量冲洗使用。

2. 底片显影常见故障产生原因与解决方法

(1) 擦伤或划伤底片原因：显影液中有灰尘颗粒或在显影翻动时不慎，手指甲或其他硬物划伤了底片药膜面。

解决方法：显影液最好用蒸馏水配制，这样比较纯净，杂质较少。显影液中有灰尘杂质颗粒，应进行过滤处理，最好用瓦楞底的显影盆，以便于翻动，翻动底片要拿着底片的边沿位置，另外，显影的时候，底片的药膜面应朝上，可防止药膜面与盆子底粗糙的表面接触，达到减少底片摩擦划伤的目的。

(2) 图像发黄　原因：定影冲水不彻底、曝光过量、显影不足往往也容易出现图像发黄。

解决方法：正确调整曝光时间，着重检查是否将底片定影彻底定透，定影时间为3～5min，同时还要根据气温变化灵活掌握，用清水冲洗底片一定要充分，将残留在底片上的药液冲洗干净，底片在清水中冲洗最好有15min左右的时间。

(3) 版面有条痕　原因：一是显影盆过小，显影大张底片时狭窄，导致局部底片接触显影液不均匀。二是不是在同一时间浸泡在显影液里面，底片的一部分显影时间长，另一部分显影时间短，从而形成了条痕。

解决方法：显影底片放入时，要迅速用手敷平四角，让底片全部浸泡在显影液中，必要时可先将底片用水湿润，然后再进行手工显影。

（4）底片有灰雾度 原因：显影液温度过高，显影时间太长，显影液中未加入抑制剂溴化钾，曝光量过大，暗室或者是照相机暗箱有漏光的地方，暗室的安全灯不符合要求，太亮。

解决方法：首先检查感光片，显影液，安全灯是否符合要求，逐一排除存在的问题，显影液超过 38℃以上，显出来的底片就会存在一定的灰雾，有条件的情况下暗室里最好安装空调设施，达到恒温恒湿控制，温度控制在20℃左右，湿度控制在 70％左右较为适宜。

（5）底片显影速度慢，产生很多沙眼或暗调层次丢失 原因：曝光量不够，显影液温度低或者显影液老化陈旧。

解决方法：底片的曝光量要准确，曝光量不足是显影慢的主要因素，注意显影液的温度，陈旧老化的显影液要及时换掉，重新配制新鲜的显影液。

（6）版面产生树根状条痕 原因：底片在使用中和生产过程中产生静电摩擦所致。

解决方法：使用时从盒中轻轻取出感光片，如果未见症状减轻，说明很有可能是生产厂家的原因所致。

（7）斑点（黑点和白点） 产生黑点的主要原因：由于底片保存不好，在高温潮湿的环境中产生霉点形成的。此外，强碱性显影液，能使还原的银粒产生严重的集结现象，致使底片呈现黑点和黄色斑点。

产生白点的主要原因：裁片和装片时，底片上沾有灰尘或者在制片过程中乳剂膜沾有灰尘和阻光的其他东西，都能在底片上形成白点。

解决方法：注意底片存放时的温湿度控制，在制版时要保持环境清洁干净，防止灰尘沾到底片上。

（8）双影和重影 原因：装片玻璃没有夹紧，在拍摄过程中镜头和原稿架发生了震动，或曝光时有晃动，都会使影像产生双影。

解决方法：装片、照相、拷贝操作时要防止震动和滑移，将片装牢固，小心谨慎可克服双影现象发生。

（9）影像发虚 原因：由于照相对光（对焦距）时没有把影像对实、对清晰。解决办法：装片和装原稿要平展、平整、贴紧。

（10）版面不均匀 原因：显影时操作方法不当，如 Y、M、C、K 四张分色片显影，在显影时由于翻身不够注意，从而重叠在一起，有些色版底片显得深，有些显得浅，存在不均匀问题。

解决方法：显影最好在自动显影机内操作，如果用手工显影，采取一张一张地进行显影，不要将底片与底片重叠放入显影液中。

(11) 底片出现伸缩变形　原因：由于在操作过程中温度、湿度变化较大，水洗时间长短不一致而引起，因为底片片基的本身也存在着受温、湿度影响出现的伸缩现象。当温度低时会收缩，温度高会伸长，同样两张底片如果水洗时间不同，伸缩情况也会不一样。

解决方法：操作时应尽量保持相等的温湿度下进行工作，水洗的时间也要一致，及时吊晾干燥软片可减少伸缩变形。

3. 直接用硫酸纸制作底片

直接用硫酸纸制作底片，对分辨率要求不是很高的文字、线条、图案、商标、标志、色块等，可用硫酸纸经激光打印机输出做底片使用。方法是，首先用 CorelDRAW9.0（矢量软件）或 Photoshop（位图软件）将所需的墨稿内容，用电脑制作成所需要的阳图或阴图（图 5-1）。然后在激光打印机中放入硫酸纸，直接输出**作底片**。但要注意，打印的炭粉必须是原装炭粉（使用自己灌装的炭粉，会使硫酸纸的遮光效果难以达到要求）。如果用原装炭粉输出硫酸纸的黑度还不够，可将制好的墨稿在电脑中翻转后又输出一张，将两张输出的硫酸纸重叠套准后再直接用于曝光。

(a) 阳图　　　　　　　　　　　　　　(b) 阴图

图 5-1　阳图或阴图

(二) 柔性树脂版制作工艺流程

柔性树脂版制作工艺流程如下。背曝光→主曝光（正曝光）→洗版→烘干→去黏→后曝光。

(1) 背曝光　一般为 3～5min，常规定为 4min。背曝光时间越短，版面腐蚀越深，深度约为版厚的 $\frac{1}{2}$。底片要有足够的遮光黑度，不能有沙眼和黑度不均匀的透光处存在。

（2）主曝光（即正曝光） 底片贴向树脂版正面，先撕掉树脂版上的保护膜；放好底片，覆盖上导气膜并摸平导气膜，打开抽气设备抽气。导气膜要求平整、无孔、不漏气，要保持抽气膜清洁，不得有灰尘，整个作业要达到无尘。当制版量大时，最好每半年换一次抽气膜，以防抽气膜出现凹凸坑，引起所制出的印版表面不平，抽真空的空气压力要达到 0.6MPa 以上才能开始曝光，曝光抽真空时的制版温度要达到 20℃以上，让版基发软。

正曝光时间，简单文字在 20min 左右，网纹为 40～60min；线数越高，曝光时间越长。洗版液，正丁醇应符合《工业正丁醇》GB/T 6027 要求，四氯乙烯应符合《工业用四氯乙烯》HG/T 3262 的要求。配制比例，以 1∶6 或 1∶3 为好（此比例为体积比，而不是质量比），用比重计测定相对密度为 1.42。当两种洗版液体混合后，一定要搅拌混合均匀，方可使用。

（3）洗版 在树脂版的反面贴上双面胶，把树脂版粘到洗版机上去，洗版时间为 5min 左右。在洗好的版未取下来前，先用干净的四氯乙烯淋在树脂版上，再用刷子将原洗版液洗净，可防止印刷版上的图案、文字表面有结皮，造成印刷出的成品有漏花。

（4）烘干与去黏 烘干温度为 60℃左右，烘干时间为 15～30min，把双面胶撕去，必须烘干才能去黏，去黏起固化作用，时间一般为 8min。

（5）后曝光 起固化作用，为 10～15min。制好版后烘烤 10min，可对版的正面和反面作清洁处理。版制好后，测实地版硬度为 58 度者最佳，版的硬度与曝光时间有关，底基一般保持在 2.0～2.1mm 为佳。

洗版机要求 放置水平（观察洗版液与毛刷的浸泡状态便可知道）。制版时应注意的安全防护事项如下。

① 洗版时要把洗版房对外的抽风机打开，因四氯乙烯与正丁醇的混合物气味难闻，且比空气重，需排出室内。

② 眼睛要避开制版机内紫外线的照射，以防损伤眼睛。

（三）柔性版制作和使用过程中的常见问题与处理方法

柔性版制作的好坏，是确保纸箱水墨印刷质量好坏的一个关键环节，从版材、洗版液、制作工艺、曝光时间、操作方法、制版设备等方面的每一环节，都会产生质量毛病。下面对常见制作质量毛病及解决方法作一简要介绍。

（1）底基胶膜脱落 产生的原因：裁切刀不锋利，另外，从正面裁切版材也导致版材与底基松软。

解决方法：使用锋利的刀片裁版，并从版材的背面切割。

（2）版面上洗出来的文字、图案、线条、凸凹深度不够（有的甚至显不出来），印刷时易糊版。

产生的原因：背曝光时间偏长，底基曝光固化的感光材料较厚，洗版时导致文字、图案、线条的感光材料清洗不掉；曝光灯启动时间不一致，使感光材料受照射的时间不同；版材的曝光面颠倒，导致感光材料固化；洗版时间不足，未固化的感光材料没有被彻底清洗掉，残留在印刷版上；洗版液四氯乙烯与正丁醇的配制比例不当，四氯乙烯过多，会使印刷版严重膨胀，正丁醇过多，则引起洗版时间偏长；版材使用或保管不当。

解决方法：经常测量洗版液，使洗版液的相对密度控制在 1.418。在裁切版材时，将版材的保护片基揭开一个小角，防止曝光时将曝光面曝错，严格控制曝光时间，将版材避光保存。

（3）线条变形　细线条，小网点，小字被洗掉。

产生的原因：背曝光时间不足，当背曝光不足时，印版的底基聚合层较薄，容易导致洗版过深，从而造成网点丢失或线条弯曲变形；主曝光时间不足，当制作印版的网点直径为 0.1mm、线条宽度为 0.1mm 时，如果曝光时间不足，则会使线条弯曲或网点丢失；洗版时间过长，毛刷压力过大，洗版时间长会使独立的线条或独立的网点过度膨胀，造成弯曲或被洗掉；原稿设计超出了柔印对网点网线的再现能力。

解决方法：严格控制好背曝光、主曝光和洗版时间，对小于 0.1mm 的网点和细线条，应采取蒙版的方法，将此部分的主曝光时间加长。调整好毛刷的高度，使毛刷的压力适当。改进原稿使其符合柔印树脂版的制版要求。

（4）版面发黏　产生的原因：洗版液使用时间过长或有效成分不足；除黏时间过短；除黏灯管已坏或灯管老化，导致光照不足。

解决方法：按要求重新更换洗版液，增加除黏时间，更换除黏灯管。

（5）版面裂纹　产生的原因：除黏时间过长，印版受日光及荧光直射，受臭氧影响（树脂版对臭氧非常敏感），遇有机化学溶剂腐蚀而老化。

解决方法：严格控制除黏时间，保存印刷版的环境，应避开日光、紫外线、电晕处理装置以及电弧的照射。在产品印刷完毕后，清洗印刷版不要使用有机溶剂。

（6）部分图像模糊，阴图较浅　产生的原因：底片不符合要求，曝光时底片与树脂版之间有空气，曝光时因光线漫射使图案部分固化，对图案的网点网线与实地的曝光时间没有拉开距离，而所用的曝光时间相等。

解决方法：更换合格的底片（不要使用 PS 版曝光用的胶片）。要排净底片与树脂版之间的空气，使底片紧贴树脂版曝光。采用蒙版法，对图案的网点、网线与实地用不同的曝光时间进行曝光来获得较深的阴图。

二、 激光雕刻橡胶版

（一）制版材料

常用的有 4～7mm 厚的天然橡胶复合双层版，长、宽规格尺寸按制版面积选用。技术参数（刻字胶版）如下。

① 硬度 SH：42±1。

② 压缩永久变形：0.1。

③ 断裂伸长率（％）：450。

④ 耐油性能（室温×234h 质量变化）：120 号汽油＋苯（配比 3：1）＋16％。

双层复合平整均匀、复合层黏合牢固、超细打磨、质地细腻柔软。

激光雕刻橡胶版主要制版设备与工具有激光雕刻机、计算机、划纸刀、镊子。

（二）激光雕刻版制作工艺

1. 激光雕刻直接制版

所谓直接雕刻，就是雕刻机使用高能激光，直接烧蚀掉印版上非图文部分一定厚度的版材，形成突起的图文部分网点。

2. 激光雕刻制版的主要过程

（1）制版原理　对导热性很低的柔性版材雕刻加工，存在瞬间汽化和燃烧两种不同的机制。原理是经过聚焦的激光束射向印版，把印版的指定范围熔化或者汽化，通过吸气和清扫擦拭，除去不需要部分的版材，制出凹凸图像。

（2）制版过程　先用计算机制作出欲雕刻的图形、图像、文字等，再用专用计算机图像软件，把原稿的图文信息转换成可执行的深度、尺寸和形状等，来调制激光光束的相关参数数据，然后控制系统依据命令控制激光束的运动。激光作用在材料表面，利用激光将图文信息烧蚀成网点，被烧蚀后的网点残留物经特制的装置处理掉后，制成凹凸图像的印刷版。

3. 激光雕刻直接制版主要组成系统

与大多数 CTP 系统（脱机直接制版）一样，柔版印刷也主要由计算机系统、成像系统和供版系统三大部件组成。

（1）计算机系统　计算机系统通常由图像数字化系统、图像页面描述语言、光栅图像处理系统、数据存储系统和控制系统组成，它能完成图像的编辑和排版工作，并把排好的版面以页面描述语言的格式保存起来，供成像系统输出。

（2）成像系统　成像系统的作用是接收计算机系统传送过来的页面描述信息，经由 RIP（光栅图像处理器）解释，产生控制成像头（激光器）动作的指令，对印版进行曝光，完成印版的制作。分内辊筒曝光和外辊筒曝光两种方式。在内辊筒数字柔印直接制版相（L）中，版材在曝光过程中一直保持在辊筒内侧；在外辊筒数字柔印直接制版机中，版材在曝光过程中一直保持在辊筒上。

（3）供版系统　供版系统的作用主要用来存储柔性版材，并在制版时完成柔性版的输送、定位和裁切工作。

（三）激光切割机安全操作规程

① 严格按照激光器启动程序启动激光器，调光、试机。

② 操作者须经过培训，熟悉切割软件及设备的结构、性能，掌握操作系统相关知识。

③ 在激光束附近必须佩戴符合规定的防护眼镜。

④ 在未弄清某一材料是否能用激光照射或切割前，不要对其加工，以免产生烟雾和蒸气，造成潜在的危险。

⑤ 设备开动时，操作人员不得擅离岗位或托人代管，如确实需要离开，应切断电源关机。

⑥ 要将灭火器放在随手可及的地方，不加工时要关掉激光器或光闸，不要在未加防护的激光束附近放置纸张、布或其他易燃物。

⑦ 在加工过程中发现异常时，应立即停机，及时排除故障。

⑧ 保持激光器、激光头、床身及周围场地整洁、有序、无油污，工件、板材、废料按规定堆放。

⑨ 维修时要遵守高压安全规程。每运转 1 天和每周都要维护，每运转1000h 或 6 个月维护保养时，要按规定和程序进行。

（四）激光雕刻印刷版成品质量要求

图案、文字等印刷内容，要求无错、无漏、无变形。尺寸准确，小字、细线条雕刻深度满足印刷要求。

激光雕刻橡胶版使用过程中的常见问题如下。

① 小字、细线条和小图案在制版时底版切割深度不够，印刷时容易产生野墨，版制作出来后需用镊子将底版层不要的部分挖掉并清理干净，可减少野墨的产生。

② 激光制版为垂直加工，致使所雕刻图文没有锥度，小字、细线条和

小图案在印刷时，当印刷压力稍大就容易使小字、细线条和小图案印刷产生变形。

（五）激光雕刻机常见故障及解决方法

1. 激光头不发光

按操作面板测试键观察电流表状态。

（1）没电流 检查激光电源是否接通，高压线是否松动或脱落，信号线是否松动。

（2）有电流 检查镜片是否破碎，光路是否严重偏移。检查水循环系统是否正常。

① 不通水：检查水泵是否损坏或没通电。

② 通水：检查进水口、出水口是否接反或水管破裂。

2. 能点射、能自检，发送数据不发光

解决方法：检查电脑设置是否正确。

3. 雕刻深浅不一或刻不深

① 检查水循环系统水流是否流畅（水管弯折或水管破裂）。

② 检查焦距是否正常（重新校正）。

③ 检查光路是否正常（重新校正）。

④ 检查版材上铺纸是否过厚，水量是否过多（重新更正）。

⑤ 检查横梁是否平行（调节两边皮带）。

⑥ 检查镜片是否破碎（更换）。

⑦ 检查镜片或激光管发射端是否受污染（重新清洗）。

⑧ 检查水温是否高于30℃（更换循环水）。

⑨ 检查激光头或聚焦镜是否松动（加紧）。

⑩ 激光电流光强需达到8mA。

⑪ 激光管老化（更换）。

⑫ 升降平台不平（校正水平）。

4. 复位不正常

① 检查传感器是否沾灰，接触不良或受损（擦净传感器上的灰尘或更换）。

② 检查柔性导带数据线是否接触不良或损坏（修剪数据线，重新拔插或更换数据线）。

③ 检查地线接触是否可靠或高压线是否受损（重新接地或更换高压线）。

④ 电机线接触不良（查出故障点，重新将线接好）。

5. 漏刻

① 初始化不正确，已发送数据（更正）。

② 操作顺序颠倒（重新输出）。

③ 静电干扰（检查地线是否脱落）。

④ 电脑问题（更换主机）。

6. 清扫勾边错位、不闭合

① 编辑好的文件是否正确（重新编辑）。

② 所选目标是否超出版面（重新选取）。

③ 检查软件参数设置是否正确（重新设置）。

④ 电脑系统有误（重新安装操作系统及软件）。

⑤ 检查左、右皮带松紧是否一致或后端皮带是否太松（将皮带张紧）。

⑥ 检查皮带或同步轮是否打滑、跳齿（加紧同步轮或皮带）。

⑦ 检查横梁是否平行（重新调节左右皮带）。

7. 电脑不能输出

① 检查软件参数设置是否正常（重新设置）。

② 雕刻机是否先按定位启动再输出（重新输出）。

③ 检查机器是否事先没复位（重新更正）。

④ 检查输出串口是否与软件设置串口一致（重新设置）。

⑤ 检查地线是否可靠，静电是否干扰数据线（重新接地）。

⑥ 更换电脑串口输出测试。

⑦ 重新安装软件并重新设置测试。

⑧ 格式化电脑系统盘重新安装软件测试。

⑨ 主板串口损坏需维修或更换。

8. 软件不能计算路径

① 检查设置路径的计算方法是否正确。

② 检查图形文件格式是否正确（重新更正）。

③ 卸除软件重新安装并设置。

9. 计算机常见问题

① 字体逐渐减少（重新安装操作系统）。

② 数据量太大，不能计算激光路径（等待一段时间或加大电脑内存）。

③ 计算路径长时间没响应，重新启动电脑测试。

10. "高级设置"里的参数设置无效

① 该功能的正确使用方法是，首先将 Laser＿cn 和 sysCfg 的"只读"属性去掉，然后根据机器具体情况配置参数。

② 在配置好参数后，应加上 Laser_cn 和 sysCfg 的"只读"属性，并且不要修改该选项的参数。

11. 雕刻、切割的样品与图形大小不一致

打开"高级配置"选项，查看"电动机步距"是否与机器实际步距一致；查看"细分"是否与驱动器上设置的细分数一致；由于 CorelDRAW9.0 和 CorelDRAW11.0 的比例因子不一样，建议一个系统只用其中的一个版本，其比例因子的偏差通过"电机步距"调整。

12. 扫描雕刻时边缘不齐

用 DSP3.2 雕刻软件雕刻时，可能会有边缘不齐的情况发生，即"毛边"。这主要是机械回程间隙引起的。调整方法如下。

① 画一个方框（长方形或正方形），在"图层管理"里将工作模式设为雕刻，雕刻步距改为 0.5mm，然后看雕刻效果，理论上讲，应该是隔行对齐的，即奇数行的边缘应该是对齐的，偶数行的边缘也应该是对齐的，但是奇数行和偶数行有少许不齐。

② 打开高级配置，在对话框的下方，有一个列表，列出了不同雕刻速度对应的加工参数，但是"提前出光"一项皆为"0"，此值可正可负，根据实际情况调整即可。

③ 如果对雕刻效果要求较高，可以选择"单向出光"的雕刻方式。

13. 用 CorelDRAW10.0 将 BMP 钩边后 PLT 图形和 BMP 图像无法对齐

有时候需要将 BMP 图像雕刻后再切割，这就需要先用 CorelDRAW10.0 将 BMP 图像钩边，但是分别将 PLT 图形和 BMP 图像调入系统后，很难对齐。

解决方法：在 CorelDRAW10.0 里将 PLT 和 BMP 居中，然后输出，分别调入系统即可。

14. 按下"开始"按钮后，数据没有输出

在加工比较小的图形时，有时会出现按下"开始"按钮后，软件没有响应，这是正常现象，原因是操作人员误操作，连续多次按下"开始"按钮，导致软件误操作。一般来讲，稍微等一下即可。如果这样会影响生产效率，可以在"数据输出"中将"重复次数"设为比较大的值，在"延时"中设置相应的停留时间即可。

三、 感光丝网印刷版的制作

感光丝网印刷版主要用于小批量异型纸箱产品的印制。耐水型重氮感光

胶丝网印刷版的制版工艺流程如下。

配制感光胶→绷网与清洗→涂布感光胶→干燥→曝光→显影→修版→固化→印刷。

1. 配制感光胶

重氮感光胶的组分比例是，胶体 1000g ＋重氮光敏剂 8～10g ＋水 50～100mL。

配制顺序如下。

① 往 50～100mL 水中倒入光敏剂粉末 8～10g。

② 搅拌溶解成液体。

③ 将溶解的光敏剂倒入 1000mL 胶体中搅拌均匀。

④ 消泡 30～60min，静置 2～3h 后使用。

配制要点如下。

① 水的用量要根据涂布用胶体黏度的要求而定。

② 一定要将光敏剂粉末全部溶解后再倒入胶体。

③ 搅拌时按顺时针方向，以免产生气泡。

④ 感光胶未配前保质期为 1 年，配制后最佳使用期限为 15 天左右，低温保存可达 2 个月或更长时间。

2. 绷网与清洗

选好的丝网用手工或用绷网机绷到网框上，用专用清洗剂或中性和弱碱性洗涤剂反复擦拭，必要时可同时使用磨网膏打磨，并用清水冲洗干净待用。

3. 涂布感光胶

消泡后的感光胶直接倒入上浆器中，倒入量要占上浆器容积的一半以上。将清洗后的网框固定在支架上与水平面成 80°±5°，上浆器与丝网面成 75°，由下至上均匀刮涂。先涂布印刷面，后涂布刮印面。一般要求网版上下倒换涂布 4 次，然后放入烘箱内干燥。切记，每次涂布之后必须让网版干透。此外，涂布次数要根据印刷要求适当增加，以控制胶层厚度。

4. 干燥

干燥温度在 40℃最为适当，有条件的可选择烘箱等设备，无条件时可用电吹风、电扇等简易工具，但必须在无灰尘的环境中工作，以免影响网版质量。

5. 曝光

重氮系列感光胶的感光波长在 330～430nm，可用碘镓灯、超高压汞灯及其他同类光源。

曝光最好选用专业晒版机，胶片与感光胶膜要抽实压紧，无条件的可采用沙袋加压，以防止光线折射，影响晒版质量。

常用晒版参数如下。

① 1.3kW 碘镓灯，灯距 1m，曝光 250～300 脉冲。

② 1kW 高压汞灯，灯距 60cm，曝光 2min 左右。

③ 40W 紫外线灯管 6 根，间距 5～10cm，灯距为 15cm，曝光时间 3～5min。

6. 显影

曝光后网版要在水中浸泡 2min 左右，再用喷枪或加压自来水冲洗至图案清晰，然后用 40℃的热风吹干或让其自然晾干。

7. 修版

将干燥后的网版用封网胶进行修补，修补的地方胶层不宜太厚。

8. 固化

要提高网版耐印性能，可将修补后的网版进行二次曝光，之后再涂刷外固化剂进行固化处理。

外固化剂的使用方法是，用海绵蘸取外固化液涂刷胶膜正反两面。涂刷均匀后，放入 40℃的烘箱内烘烤 10～20min，即可用于印刷。另外还有一种无须烘烤的外固化剂，其使用方法是只需将外固化剂涂在胶膜正反面，不需要烘烤干燥，待其自然固化后，即可用于印刷。感光丝网版制作过程中常见问题与处理方法见表 5-1。

表 5-1　感光丝网版制作过程中常见问题与处理方法

故障	产生原因	解决方法
显影时脱胶	1. 曝光不足 2. 感光胶光敏度不够 3. 光敏剂失效 4. 丝网脱脂不彻底 5. 干燥时间不够	1. 确保整个网版感光胶层光照均匀,色丝网及金属网应增加曝光时间 2. 增加光敏剂用量,并与胶体彻底混合 3. 更换光敏剂 4. 彻底清洗丝网 5. 涂布中,胶膜要干透后再涂第 2 遍
显影困难	1. 曝光过量 2. 烘干温度过高 3. 涂胶时网版见光 4. 涂布后的网版存放时间过久 5. 底片与胶膜结合不紧	1. 减少曝光时间 2. 在 4℃以下干燥 3. 在黄灯下操作 4. 缩短存放时间,现用现做 5. 检查底片与胶膜的密合情况,防止光线折射造成小网点及细线丢失
砂眼针孔	1. 胶片或玻璃面有脏 2. 丝网脱脂不良 3. 操作环境太脏 4. 感光胶、光敏剂失效	1. 晒版玻璃板要擦拭干净 2 重新清洗丝网,使表面形成均匀水膜 3. 保持环境清洁卫生 4. 更换感光胶
胶膜过早脱落	1. 丝网没有绷紧 2. 刮涂压力太大 3. 曝光量不足 4. 刮印压力或操作不当	1. 按要求张力绷紧丝网 2. 调整刮涂压力 3. 增加曝光量 4. 减少人为损害

续表

故障	产生原因	解决方法
线条 出现 锯齿	1. 冲洗水压过高 2. 网目太粗，或不匹配 3. 曝光量不足	1. 降低水压 2. 选择合适目数的丝网 3. 增加曝光时间
细线 条显 影困 难糊 版	1. 曝光过度 2. 底片与胶膜密合不实 3. 感光胶层不均匀 4. 精细图文选用丝网不匹配 5. 冲洗不当	1. 减少曝光时间 2. 胶片药膜面与网版胶膜尽可能紧密接触 3. 感光胶层必须涂匀 4. 精细图文使用带色丝网，丝网目数要匹配 5. 确保显影彻底，冲洗后除去多余水分

四、 手工制作橡胶印刷版

手刻橡胶印刷版因制作较粗糙，只能制作简单的文字和图案，无法与激光雕刻橡胶版比较。目前仅仅用于已损坏印刷版的临时修补，以应生产时急需。

1. 制版材料

橡胶版（厚度 2～8mm），薄橡胶版用于刻字，厚橡胶版用于做底版。橡胶版的邵氏硬度一般为 42～75 度，硬度大的适合刻细线条和小字。硬度小的适合印宽线条和大字。黏版用橡胶水，制作底稿用硫酸纸。

2. 制版工具

制版工具主要有刷子、木锤、铅笔、手刻刀、镊子、铲刀。

3. 制作程序

第一步：将图案文字用铅笔描在透明的硫酸纸（又称描图纸）上。

第二步：将橡胶版上的滑石粉用汽油洗干净，将橡胶水均匀地涂刷在橡胶版的粗糙面。将两块橡胶版重合贴在一起，并用木锤锤紧。

第三步：将橡胶水涂刷在要刻的橡胶版上，待胶水干后，将描图纸上的图案文字压覆到涂刷了橡胶水的版面上。压覆完成后，检查一遍，看是否有遗漏。

第四步：用刻刀将图案、文字全部刻制出来。在刻制时，注意刻版用刀方法，常用刀法有刻、插、铲、修、削。刻制的文字、线条、图案的边缘要光洁、直线要直，圆线要圆、宜多用斜刀刻制印刷版，保证所刻线条上窄下宽呈梯形，见图 5-2。刻完后用镊子将不要的部位全部清除，同时检查是否有错误和疏漏之处。并将底层橡胶版的四周边缘铲成斜坡面，便于上印刷机粘贴之用。

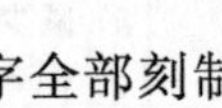

图 5-2　手刻版要刻成上窄下宽的图形

第三节 高速水墨机的印刷版排制

一、 排版用材料和工具

印刷版（包括树脂版或橡胶版）、挂版用的聚氨酯薄膜，厚度为0.1mm，挂版条〔有塑料条或有机玻璃条，长×宽×厚（1200mm×10mm×3mm）〕，免水胶纸，垫版用泡沫海绵，1m长的钢尺，2m长的卷尺，1m以上的丁字尺，划纸活动刀。

双面压敏胶黏布（耐高温布基双面胶布），一般是在玻璃纤维布两面涂上丙烯酸酯类压敏胶黏剂制造而成，用于粘贴各种印刷版。

二、 排版程序

先按印刷机的印刷辊筒周长裁好聚酯薄膜的长度，按印刷纸板的长度裁好聚酯薄膜的宽度，在聚酯薄膜上划出印刷纸板长度方向的中心线。在聚酯薄膜黏挂版条的一端测量出印刷版面的上端尺寸，并画出上端界线，套色版需标出套色对准位。

将印刷版反面粘上双面胶纸，然后贴到聚酯薄膜画好的规线上。再将印刷版的边缘用免水胶纸粘牢固，并在聚酯薄膜的反面与印刷版对应的地方垫好海绵衬垫。

三、 印刷版的领用与保管

① 领用与分发印刷版，要核对印刷版的品名、印刷内容、版的数量、套色数量、顾客名称、规格（及厚度）等。

② 每天印刷完毕后，要将印刷版清洗干净，放平保管；或者垂直悬挂在挂版架上保管，以防印版因保管不善导致变形或损坏，影响以后使用。

③ 不论印刷版是树脂版、橡胶版，还是丝网版，在储存保管时应将其分类保管（如可将印刷版分成食品类、烟酒类、服装类、鞋帽类、医药类、轻化工类、家用电器类等）。这样方便查找，减少差错，防止丢失，有利于生产。

四、 印刷版的常见问题

印刷版长时间使用后会出现不同程度的磨损或掉字、掉笔画、变形、缺损，印刷版厚薄不一致，或因保管不当出现丢失，印刷版粘贴面有墨迹引起印刷版粘贴不牢。这些问题在每次洗版和收发印刷版时，只要认真仔细检查与核对，就可杜绝和解决后续可能产生的质量问题。

第四节　印刷用墨

一、墨的种类

墨的种类主要有水墨、油墨和色浆，这里着重介绍水墨。

水墨的主要成分有水基连接料、辅助溶剂、着色料、消泡剂（及防泡沫剂）等。它与溶剂油墨的主要区别，在于水基墨中使用的溶剂不是有机溶剂而是水，也就是说水基连接料主要由树脂和水构成，其特点如下。

① 水基墨在墨斗中挥发性低，其溶剂平衡好，而且对印刷版不存在溶剂的腐蚀性问题。

② 水作为稀释剂和清洗剂，来源广且价格低；

③ 水基墨的缺点是光泽度低，干燥速度慢，对承印材料的吸水性要求较高。

根据连接料的不同，水基墨又可分为水溶性墨、碱溶性墨和扩散性水墨三类。

（1）水溶性墨　水溶性墨的连接料包括聚乙烯醇、羟乙基纤维素和聚乙烯吡咯烷酮等。这类墨只能应用在允许墨膜有永久的水溶性或不接触水的印刷品中。

（2）碱溶性墨　它的连接料是一种酸性树脂的碱溶液，是类似于肥皂的水溶盐，碱溶性连接料中的树脂是酸性树脂，加入适量的氨水，两者反应后形成可溶性树脂盐，在墨的干燥过程中，氨挥发后使墨变成不溶于水的物质。这类墨的性能主要取决于所采用的酸性树脂的种类。常用的碱性树脂有聚丙烯、蛋白、虫胶、马来树脂。

（3）扩散性水墨　扩散墨的连接料是悬浮于水中的细小树脂颗粒，称之为乳胶。乳胶比溶剂型的树脂具有更显著的优点，一是乳胶密度很高，而黏度较低，可以产生高质量的薄涂层，二是乳胶可以包含相当大的聚合物分子，大分子一般比小分子硬、耐磨损、耐热，而且附着力也好，但大分子通常会导致溶液的黏度过高，而乳胶则不存在这个问题。乳胶墨的缺点是印刷比较困难，一旦乳胶凝结，就会变成不溶性物质，故乳胶墨比较适用于涂层墨类。

二、松香树脂水墨与丙烯酸树脂水墨的性能比较

1. 水墨的黏度（涂-4 杯）

松香树脂为 20～25s，丙烯酸树脂为 15～20s。丙烯酸树脂墨耐脱色、耐褪色、耐光性能好，黏度稳定，泡沫轻微。

2. 水墨的特性

① 稳定性：丙烯酸树脂稳定性更好。

② 流动性：松香树脂墨流动性差，色泽弱，网丝印刷较差。

③ 适应性：松香树脂墨不如丙烯酸树脂墨。

3. 不同印刷状态对水墨黏度的要求（表 5-2）

表 5-2 不同印刷状态对水墨黏度的要求

	松香树脂墨	丙烯酸树脂墨
文字版	（45 线以下）15～18	14～16
细网线	（45 线以上）不宜使用	11～13（低黏度高浓度）
实体版	20～25	18～13

4. 对水墨硬度的要求

粗细网线以 45 线为准，网线版的硬度要求为 55°～60°；文字版 40°～50°；细文字版（2mm 以下的文字）硬度为 45°～50°；大实地版 35°～40°。

5. 水墨在使用过程中的注意事项

墨最好是专色专用，复合色要调配，换墨换色要洗净设备，没有用完的墨必须密封盖好。

6. 对印刷机的洗墨换色要求

对印刷机的墨辊、墨槽以及输墨和回墨管，一定要彻底清洗干净，不得留有残余墨迹，否则会引起后续印刷的产品颜色相混，导致色彩不一致，或者会出现色彩变调。

第五节 水墨印刷过程中的注意事项

瓦楞纸箱水墨印刷应注意如下几个方面的问题。

一、 印刷机调试

1. 印刷机各辊筒间的间隙调整

主要是印刷辊与承印辊、进纸辊和过桥辊的间隙调节，尤其是印刷辊的间隙调节。这个间隙要考虑纸板厚度＋聚酯薄膜片基（0.1mm）＋双面胶厚度＋（树脂版厚度－0.3mm）＋衬垫海绵厚度。

2. 印刷机各辊筒间的压力调整

柔式印刷机又称吻式印刷机，它的压力很轻，不比凹式、平式印刷机和胶印，因为这三种印刷是靠很大的压力来完成印刷的。如果柔式印刷出现左右不一致时，很可能是压力辊之间不平行所致。

3. 网纹辊的清洗

使用高档次的水墨时，清洗时间应长一些，在清洗时一定要把网纹辊清洗干净，否则墨一旦在网纹辊表面结膜，将会严重影响印刷质量。柔式印刷机的核心部位是网纹辊，网纹辊实际为计量辊，即着墨辊，其着墨量多少取决于计量辊的线数（线/cm²）。

4. 机速的控制

在印刷过程中要相对保持印刷机的速度稳定，不要时快时慢，尤其是突然加速或突然急停，会因冲击力或摩擦力过大造成印刷版和印刷机损坏。

二、 印刷版的使用

① 新版与旧版最好不要放在一起使用。旧版使用后会出现不同程度的磨损，如果将新版与旧版放在一起使用，会导致新版与旧版的厚度不一致而影响印刷质量。

② 树脂版在取墨送墨性能上要优于橡胶版，所以图像印刷清晰、漂亮，树脂版上如黏有纸屑、灰尘未清洗干净，会引起印刷露花。需用清水打湿干净的抹布多擦拭几遍，把印刷版上的纸屑、灰尘擦拭干净才行。

③ 印刷版使用完毕，必须将其清洗干净，并垂直悬挂保管，不得随意堆放，以防造成印刷版受压变形而影响使用。

三、 水墨使用注意事项

① 如需更换不同颜色的水墨，一定要将印刷机内的原有水墨清洗干净。

② 更换新水墨时，要将水墨搅拌均匀，方可上泵，不然墨中的沉淀物会影响使用。

③ 不同厂家的水墨，不要混合使用。

④ 旧水墨要分开存放，不要混合在一起使用，否则易引起变质和印刷效果不佳。

⑤ 冬天水墨黏度高，夏天黏度低，保质期一般为1年，丙烯酸树脂水墨保质期长一些。生产现场用墨，最好做一货架按水墨的不同颜色、类别进行存放，这样便于生产和使用。

⑥ 丙烯酸树脂水墨印刷用墨量很少，并且在承印物表面干燥后，形成一层薄膜，具有一定的上光效果，并且印刷数量要比松香树脂水墨提高30％以上，可相应降低生产成本。

⑦ 因油墨有挥发性及摇变性，时间久黏度会提高，影响印刷质量。当

水墨黏度增高时，可用水杯加入少量同编号旧水墨降低黏度。

⑧ 在使用过程中墨桶内的水墨产生泡沫时用磷酸三丁酯进行消泡。

四、 印刷用瓦楞纸板

印刷用瓦楞纸板要求瓦楞纸板平整，对有翘曲的纸板要选出来，先压平后再印刷。另外，不要印刷刚从瓦楞纸板自动生产线下来的热瓦楞纸板。因热瓦楞纸板中的水蒸气还未完全散去，加之瓦楞定型尚未完全稳定，热瓦楞纸板经高速印刷机进纸辊的碾压后易引起瓦楞受损，导致瓦楞纸板厚度、瓦楞纸板边压强度等几项物理性能指标下降。对缺材、空头、露瓦、开胶、面纸打折和有纸接头等不合格的瓦楞纸板，要全部进行清除。对纸板线停机滞留在热板中的纸板要求清出来另加处理，以防因纸板在热板中烘烤过干而引起印刷压线出现破裂。

第六节 纸箱印刷过程中的常见问题与处理

一、 影响印刷质量的因素

（1）纸板质量 纸板面纸的吸墨性能，不同材质的面纸对墨的吸收性是不一样的，要控制好墨的黏度和干燥速度。严格控制瓦楞纸板水分的含量和纸板的平整度，面纸用料太薄的瓦楞纸板易导致露瓦楞，并引起纸板表面凸凹不平。对有高低瓦楞和纸板表面不平整的应选出来做处理后再印刷。

（2）水墨脱色 要根据瓦楞纸板的吸墨性能调配水墨的渗透能力，但要考虑墨层固着力与色牢度，防止出现固着力差、色牢度差（脱色不耐摩擦）等现象。

（3）压线破裂 压线轮的间隙过小，会使对纸板的压力过大而压破纸板。应控制纸板水分、调整好设备间隙。

二、 印刷质量毛病与解决办法

1. 野墨

原因：瓦楞纸板表面不平整，或者是纸灰、纸屑、裁切刀口毛刺黏在印刷版上会造成野墨。印刷压力过大或翘曲瓦楞纸板（如向上翘、向下翘、呈S形翘曲）也会引起印刷品产生野墨，翘曲瓦楞纸板有时还会导致印刷开槽走规。

解决办法：在印刷版下用泡沫海绵垫版，增加印刷版的回弹性，以减少野墨的产生。

2. 裁切刀口产生毛刺

原因：开槽刀磨损、缺口、子刀与底刀间隙过大，原纸质量太差。

解决办法：更换不合格的子刀与底刀，并调整好间隙。

3. 瓦楞受压损伤

瓦楞纸板有三层、五层、七层之分。要根据瓦楞纸板厚度调整好印刷机各相关部位的瓦楞纸板通过间隙，达到减小印刷辊对瓦楞纸板的印刷压力。

4. 走规

走规包括印刷走规（即套印不准）和开槽走规（尺寸误差），导致走规的原因如下。

① 印刷机的纸板输送部位间隙未调好，从进纸辊、过桥辊、印刷辊、压线轮到开槽辊，以及机器的链条、规矩未调好或有松动，都会造成印刷位置不准，应采取措施调试好相关间隙，紧固松动的部位。

② 翘曲瓦楞纸板，需清除进行处理后再印刷。

③ 瓦楞纸板的水分含量太高，平压强度不够。要控制纸板线的生产机速和减少施胶量。

④ 刀规松动。应将刀规螺丝拧紧。

⑤ 装版位置不当，造成版面印刷位置不准。对有套色的版面，应尽量朝向辊筒起步位置进行输纸定位。

5. 露花

露花主要表现在文字、图案、色块、符号、标志、代码等。产生的原因有印刷版磨损、瓦楞纸板表面不平整、印刷压力调整不合理，印刷版上粘有纸灰纸屑。解决办法是换掉已磨损的版，搞好设备卫生。

6. 文字图案缺损

主要表现在细小的文字断笔画，零散小版粘贴不牢，在印刷过程中掉落。解决办法：对零散小版每次换版时用新双面胶将其粘牢。

7. 重影

印刷压力过大，新印刷版与旧印刷版拼用且厚度不一致。解决办法：调整好印刷压力。

8. 前后印品有色差

印刷换墨时印刷机内残墨未清洗干净，或原纸吸墨性能有差异。解决办法：洗干净印刷机输墨系统，调整墨的黏度，使用吸墨性能一致的原纸。

9. 印出的文字图案拉毛

墨的黏度过大，纸的拉毛性能太差。解决办法：调整好墨的黏度，更换表面性能好的原纸。

10. 产品两端印刷颜色深浅不一致

产生原因有传墨辊传墨不均匀，网纹辊与印刷版的间隙调整不当墨辊出现一头磨损。解决办法：重新调整好网纹辊与印刷版的间隙，或更换已磨损的匀墨辊。

第六章　纸箱成型及其他工艺

第一节　钉箱

一、钉箱质量要求

纸箱接头钉合处的搭接舌边宽度为 35～45mm，金属钉应沿搭接部分中线钉合，采用斜钉（与纸箱立边成 45°）或横钉，箱钉应排列整齐、均匀，双排钉距不大于 110mm，单排钉距不大于 80mm（军用瓦楞纸箱，双排钉距不大于 75mm，单排钉距不大于 55mm）。头尾钉距底面压痕中线的距离为 13mm±7mm。产品钉合接缝处要钉牢、钉透，边缘钉齐，不得有剪刀叉。所用钉箱的扁丝钉，不得有锈斑、龟裂、断钉、漏钉、翘钉、不返脚钉和重叠钉等。两片成型印刷内容不同的产品不得钉在一起，或钉成同边，或将印刷面颠倒钉成废品。

二、钉箱工序常见质量问题与处理办法

1. 断钉

产生的原因：内外剪的间隙过小，倒角不够，或送丝超前。断钉见图 6-1（a）。

解决办法：适当增加内外剪的间隙、倒角，调节送丝轮，用手转动主轴，保证扁丝在叉刀下恰好送完。

2. 钉针脚向一边倒

产生的原因：钉机托臂上的底模中心位置与锤头没有对正，或底模磨损严重，钉针脚向一边倒见图 6-1（b）。

解决办法：调正底模位置或更换底模。

3. 钉针不返脚

产生的原因：锤头与钉机托臂的间距太大，导致锤头下锤压力不够，锤头凸轮连杆小轴间隙太大。钉针不返脚见图 6-1（c）。

解决办法，缩小锤头与钉机托臂间的距离，加重锤头下锤的压力，更换连杆小轴。

4. 钉针脚不等长

产生的原因：送丝滞后或送丝受阻，扁丝的宽度、厚度不均匀或有损伤。钉针脚不等长见图 6-1 (d)。

解决办法：调节送丝轮的压力，换掉不符合要求的扁丝。

5. 钉脚歪斜

产生的原因：底模回脚槽倾斜角度不对，或底模磨损严重。钉脚歪斜见图 6-1 (e)。

解决办法：将回脚槽调整到顶刀两尖对准或更换底模。

6. 钉五层纸箱面子被打破

产生的原因：箱片未放平，底模两边有高低，锤头与钉机托臂上的底模间距太大。

解决办法：钉箱时放平箱片、垫高面子未打破这边底模的高度，调小锤头与钉机托臂底模间的距离。

7. 叠钉、少钉

产生的原因：重复打钉或扁丝出现断丝。

解决办法：修理钉箱机，严格按技术质量要求钉箱。

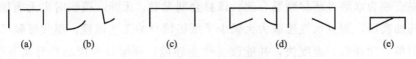

图 6-1　常见钉针质量问题

三、 钉箱工序操作注意事项

开机前，全面检查机器及防护装置是否完好，按规定给钉机加注润滑油。当钉针出现问题需检查时，不能把脚放在踏脚板上，更不能把手放在机头下拨弄，以防发生伤人事故。操作时不准戴手套，不得边钉箱边与人交谈，以防钉机打伤手指头。

第二节　粘箱

粘箱环节存在的质量问题有黏结牢度不够、黏结处脱胶、引起搭接舌头开胶。主要原因归纳如下。

① 黏合剂的黏度不够或涂胶量不足。

② 黏合剂和纸盒材料不匹配。

③ 纸箱的接口部分经过覆膜、上光等表面加工，黏合剂难以透过表层渗入纸张纤维，导致纸箱难以粘牢。

④ 折叠涂胶后压力不足，加压时间不够长，不利于粘贴结实。对于经过覆膜、上光处理的纸箱与纸盒，可用以下 4 种方法解决粘箱不牢问题。

一是模切时在黏口处放置针线刀，将黏口的表层扎破，以利于黏合剂的渗入。

二是用自动粘箱机附带的磨边装置将黏口的表层磨破，以利于黏合剂的渗入。

三是将热熔胶喷射到黏口部分，利用高温熔化粘口表面的物质，提高粘盒牢度。

四是在印前设计盒型时，可预先在要覆膜和上光的箱（盒）片边缘留出涂胶部位。

对压力不足产生的粘盒不牢，可以增加粘箱机压着部位的压力，延长压着时间，或者更换黏结力强的黏合剂。

第三节　覆膜

需覆膜的产品一般多为彩印纸箱。对彩印纸箱面子覆膜的方式，一是干式覆膜，所用黏合剂多为有机溶剂型；二是湿式覆膜（即水溶性覆膜），所用黏合剂为水溶性环保型黏合剂。该黏合剂无毒、无味，覆膜时也无须加热和施加高压，而且水性覆膜大大减少了纸塑覆合的工艺流程。湿式覆膜机结构简单，功耗低，速度快，并能改善作业环境，且覆好的产品具有高亮度、高品位、易回收的特点，是目前的主要发展方向。

湿式覆膜在室温高于 12℃ 的情况下可正常工作，而且操作简单，单张纸被输送到压合部位后与展平的涂过黏合剂的 BOPP 薄膜贴合，之后由收卷装置复卷起来，待成卷的纸塑合一的产品经自然干燥后，便可以分切成单张成品。

一、 纸箱覆合用膜

1. 覆合用膜的种类

① 聚丙烯类，如 IPP、CPP、BOPP。

② 聚氯乙烯（PVC）。

③ 聚乙烯（PE）。

④ 聚酯薄膜（PET）。

⑤ 聚碳酸酯薄膜（PC）。

2. 对复合膜的性能要求

① 薄膜厚度。

② 薄膜表面张力。

③ 薄膜透明度。

④ 薄膜耐久性。

⑤ 薄膜力学性能。

⑥ 薄膜几何尺寸。

⑦ 薄膜化学稳定性。

⑧ 薄膜外观质量。

二、覆膜用黏合剂

覆膜用黏合剂，因覆膜有干式覆膜和湿式覆膜的工艺区别，其选用覆膜胶的品种就不同。目前使用比较广泛的是水性覆膜胶（丙烯酸酯类水溶性覆膜胶），它粘接力强，性价比高，适应性强，是湿法覆膜使用较普遍的胶黏剂。

水性覆膜胶的性质及应用特点如下。

① 胶水应防冻、防晒。夏天要避免太阳直晒，应放置于阴凉处，冬天应在 0℃ 以上保存。如胶水受冻，不能加热化冻，应置于 5℃ 以上的室内缓慢解冻，解冻后观察有无水胶分层现象。经 100 目滤网过滤即可使用，胶水在储存过程中及使用后应密封保存，以防止胶水表面结皮及发霉，缩短保质期而造成浪费。

② 覆膜胶不能与其他胶水互混使用，不能添加其他物质，以防发生化学反应，造成损失。原则上水也不能添加。

③ 印刷品印刷油墨必须干透，才可进行覆膜。

④ 使用前，覆膜机涂胶辊必须清洗干净，无胶皮、杂质存在。

⑤ 覆膜用 BOPP 膜处理面电晕量应在 3.8×10^{-4} N 以上，应用电处理涂胶面，一般厂家的 BOPP 膜电处理面为卷筒膜内侧，BOPP 膜电晕量小会造成覆合品黏结不牢而脱膜。

⑥ 上胶量视纸张、油墨、膜等的具体情况而定。水性覆膜胶的涂胶量一般在 6～15g。覆出的成品要求无雪花状亮点。如有雪花状亮点，一般是涂胶量太小、胶水质量不合格、喷粉剂太多三方面原因。增大上胶量、选用高档次的胶水、擦去喷粉剂即可。如当时覆出成品无雪花状亮点出现，而在几分钟至几十小时后出现鸡爪状、雪花状、裂纹状亮点，原因一般为油墨未干透、油墨中加入过多燥油、撒黏剂或者是胶水与油墨发生反应造成的，此时应与印刷工序一起查找原因，寻找解决办法。

⑦ 原则上，印刷品表面经喷粉，应擦粉后进行覆膜，粉小的也可直接覆膜，并选用盖粉专用胶。

⑧ 换卷时，请勿停机时间太长，以防胶水在胶辊上干燥结皮。

⑨ 收卷后，要放置一段时间，观察覆合品表面透明不发白才能开始分切。

⑩ 新印刷品覆膜及更换不同批次胶水时，打样试验合格后再作批量生产。

⑪ 要特别注意，印金、印银产品，有时覆膜后会产生变色现象。因此，要求在打样放置 1 天左右不变色，方可覆膜，同时应加长固化时间。

⑫ 注意不要使用强碱性胶水裱瓦，以防止覆合品起泡、发霉、脱层等，并注意胶水使用量不宜过大，以免造成胶水透过纸层，出现前述质量问题。

三、 覆膜生产过程中产生质量问题的原因与排除方法

影响覆膜质量的因素较多，除纸张、墨层、薄膜、黏合剂等客观因素外，还受温度、压力、机速、施胶量等因素影响。对这些因素控制不当，就会产生各种覆膜质量问题。

1. 产品上有雪花点

产生该故障的原因有如下几点。

① 印刷品喷粉过多：印刷品喷粉过多，不能被黏合剂完全溶解，覆膜产品上会出现大面积雪花点。遇到这种情况，应该适当增大上胶量，或在覆膜前扫去印刷品上的喷粉。

② 上胶量太小：上胶量太小，印刷品整个表面都会出现雪花点。解决方法是适当增大涂胶量。

③ 施压辊压力不合适：施压辊压力太大会把处于印刷品边缘的黏合剂挤走，导致印刷品边缘出现雪花点。另外，压不实也会出现雪花点。解决方法是正确调整施压辊的压力。

④ 涂胶辊上有干燥的胶皮：涂胶辊上有干燥胶皮的地方上胶量较小，会使覆膜产品在此处出现雪花点。解决办法是擦干净施胶辊。

⑤ 施压辊上有胶圈：从印刷品边缘挤出的黏合剂或从薄膜孔处挤出的黏合剂，粘在施压辊上，时间久了就会形成干燥胶圈。后面的印刷品再覆膜时，就会在此出现微小雪花点。解决办法是及时擦干净施压辊。

⑥ 黏合剂中含有纸屑、灰尘等杂质：如果周围环境中的纸屑灰尘太多，或黏合剂中有干燥胶皮及切下的薄膜碎片，覆膜产品上也会有雪花点。因此，要特别注意保持环境卫生；黏合剂用不完的应倒回胶桶内密封盖好，或在使用前先过滤清除杂质。

2. 产品覆膜有气泡

产品覆膜有气泡的原因有如下几点。

① 印刷墨层未干透：先热压一遍再上胶。也可将印刷品先放几天，使油墨彻底干燥后再覆膜。

② 印刷墨层太厚：可适当增加黏合剂施胶量，或增大压力与复合温度进行控制。

③ 覆膜辊表面温度过高：采取风冷、关闭电热丝等降温措施，尽快降低复合辊温度。

④ 覆膜干燥温度过高：干燥温度过高，会引起黏合剂表面结皮而发生起泡，此时应适当降低干燥温度。

⑤ 薄膜：因薄膜有皱折、松弛、薄膜不均匀或卷边引起的起泡，可通过调整张力大小，或更换合格薄膜来解决。

⑥ 黏合剂黏度：黏合剂的黏度大、涂布不均匀或涂布量少也会产生起泡，可利用稀释剂调整黏合剂黏度，或适当加大涂胶量来控制起泡。

⑦ 施压辊压力太小：整个印刷品表面有气泡，是因为施压辊压力过轻，可适当加大施压辊的压力。

⑧ 顶纸：在厚纸覆膜中，两张纸的搭接处有气泡是因为覆膜时前后两张纸顶在了一起。如果印刷品叼口大，可逆时针调节无级变速器手轮，使两张纸有一定的搭接量；印刷品叼口小，可使前后两张纸适当拉开距离，但要注意拉开的距离不宜太大，否则，覆膜产品分切后就会出现尾膜。

⑨ 印刷品出现荷叶边：印刷品存放未码放整齐，露在外面的边缘区或因吸收空气中潮湿的水分，造成整纸张面吸湿不均匀，引起纸张伸缩不一致而产生荷叶边。有荷叶边的印刷品在覆膜施加压力的情况下会变平，但离开施压辊后又会恢复原状，引起覆膜产品出现气泡。解决办法是对出现荷叶边的印刷品进行空气加湿调理或散开晾干。

3. 产品覆膜出现皱褶

造成产品覆膜后出现皱褶的主要原因是薄膜传送辊不平衡、薄膜两端松紧不一致或呈波浪边、胶层过厚或是电热辊与橡胶辊两端不平行、压力不一致、线速度不同步，针对此问题可分别采取调整传送辊的平衡状态、更换薄膜、调整施胶量，同时提高烘干道温度、调整电热辊与橡胶辊的位置及工艺参数等措施进行控制。

4. 搭接边黏结不牢

在厚纸上覆膜的产品，收卷时会产生一定的卷曲变形，且收卷直径越小越明显。刚出施压辊覆膜胶还未干燥时，往往会造成搭接边处被卷曲的纸张顶开。为提高覆膜产品的合格率，只能将已弹开的部位用模切机切除，但必须保证搭接边符合工艺要求，对不符合要求的要进行清除。

5. 产品覆膜后出现卷曲

造成该故障的主要原因如下。

① 印刷品过薄：尽量避免对薄纸进行覆膜加工。

② 张力不平衡：调整薄膜张力，使之达到平衡。

③ 复合压力过大：适当降低复合压力。

④ 温度过高：降低覆合温度。

⑤ 薄膜拉力过大：薄膜拉力过大导致薄膜产生伸长变形，当产品模切完成撤除外力后，薄膜又收缩恢复原状，致使产品向薄膜一侧卷曲。

解决方法：调节张紧装置，减少对薄膜的张力。

⑥ 收卷拉力太大：收卷拉力太大，导致薄膜和印刷品同时产生变形，因纸与薄膜的刚性与伸缩率不同，一旦撤除外力，很快就向纸张一侧卷曲，薄纸尤其明显。

解决方法：减小收卷主动轮的摩擦力。

⑦ 环境湿度大：导致含湿量高的覆膜产品未充分干燥，当纸张脱湿干燥后会产生变形，引起成品向纸张一侧卷曲。

解决方法：控制好车间湿度。

⑧ 干燥时间短：覆膜产品未充分干燥，就会发生卷曲。

解决办法：延长干燥时间。

6. 产品粘接不牢

造成这类问题的主要原因如下。

① 黏合剂选用不当，施胶量大小不当。解决办法：重选质量好的黏合剂，调整施胶量。

② 印刷品表面有喷粉、墨层太厚、墨迹未干或未彻底干透，都会造成黏合不良。解决办法：用干布轻轻擦去喷粉，或增加黏合剂涂布量、增大压力，以及采用热压一遍再上胶，改用固含量高的黏合剂，或增加烘道温度进行控制。

③ 黏合剂太稀被纸张吸收，造成涂胶量不足。可重新更换黏合剂，调整施胶量。

④ 上胶量太少，黏结力小。解决办法：增大上胶量。

⑤ 印刷品实底印刷面积大：因油墨表面光滑，黏合剂难以润湿、扩散和渗透，导致黏结不牢。

解决办法：提高黏合剂的固含量和施胶量，提高覆膜的外界温度。

⑥ 胶水变质：使用前要检查胶水的出厂日期及保质期，以防变质胶水。

7. 覆胶涂布不均匀

薄膜厚薄不均匀，覆合压力太小，薄膜松弛，胶槽中部分黏合剂固化，施胶辊发生溶胀或变形等都会引起涂覆不均匀。解决办法：调整薄膜张力、加大复合压力，或更换薄膜、胶辊、黏合剂。

8. 覆膜后产品变成黑色

此类问题主要出现在大面积印金及烫金产品上。可能是黏合剂中的化学物质与金粉发生化学反应所致。

解决办法：采用特种金墨或特种黏合剂，也可以先覆膜后烫金。

第四节 纸箱贴面

贴面是高档瓦楞纸箱的重要生产工艺之一，目前纸箱生产企业大都采用全自动贴面机进行贴面生产，贴面对彩印瓦楞纸箱外观质量起着举足轻重的作用。贴面质量不好，会导致纸箱外观质量大打折扣。其贴面工序的质量控制重点如下。

1. 彩色纸箱贴面工艺质量要求

① 彩面与瓦楞纸板贴合后无明显透楞。

② 彩面与瓦楞纸板贴合后规矩偏差≤3mm。

③ 贴面压平黏合后，瓦楞纸板厚度损失≤2%。

④ 彩面与瓦楞纸板贴合压平过程中，彩面图案不许有任何损伤。

⑤ 彩面与瓦楞纸板黏结牢固，经压平后完全黏结，脱胶面积小于整体面积的1%，脱胶位置不影响成品质量，否则为废品。

⑥ 贴面后期整理，保证模切工艺能正常生产。

2. 彩印纸箱贴面工艺质量控制

（1）控制彩印面与瓦楞纸板贴合误差　彩印面与瓦楞纸板贴合时所使用的前、侧规矩以印刷规矩为标准，瓦楞纸板的长、宽应小于彩印面的长、宽，余量应控制在5mm以内。在自动模切机生产过程中，对前、侧规矩的要求很高，生产过程控制相当重要，要求操作者有高度的责任心和丰富的操作经验。

（2）时间调整　瓦楞纸板输出时间、飞达送纸时间在机器出厂时已调整同步，但随着设备使用时间的延长，设备各部件会出现不同程度的磨损，彩面到达上、下齐纸正时部的时间会有所偏差。彩面到达齐纸正时部已有足够的时间齐纸，在推纸爪推纸之前，齐纸全部完成，以保证推纸爪正常推纸。齐纸正时部齐纸侧的弹片强度以缓冲块推动彩面不能有变形、破损为宜。

瓦楞纸板是靠调整吸、吹气的时间来保证正常传输的。吸、吹气的时间要视输纸带的输送长度而定，标准是前输送辊接触瓦楞纸板时吸风停止，吹风打开，保证纸板的正常输送。

（3）生产过程中的调整　在该机构上装有同步调整装置。当面纸和瓦楞纸贴合出现错位现象时，可将同步调整装置上手柄轴上的锁紧螺钉松开，转动手轮，逆时针旋转手轮，瓦楞纸输送机构中推纸块后移；顺时针旋转手轮，面纸输送机构中推纸块后移。如此可根据实际情况，向不同方向旋转手轮，可达到调整推纸块相位的目的。从而达到纠正面纸和楞纸贴合错位的目的，保证贴合精度。这种调整可在不停机的情况下进行。调整完毕，应将锁紧螺钉锁紧。

3. 要保证纸板厚度

造成纸板贴面后厚度下降的原因如下。

① 瓦楞纸板自动线的蒸气压力不足，导致瓦楞纸板成型不好，引起贴面后瓦楞高度达不到要求。

② 纸板含水率偏高，引起瓦楞成型不好。

③ 施胶量过大，引起瓦楞吸胶过多，强度下降，造成瓦楞受压变型。

④ 胶体固含量偏低，含水率较高。

解决方法如下。

① 选用环压强度较好的高强瓦楞原纸，确保瓦楞成型良好。

② 提高胶体固含量，减少施胶量。

③ 控制瓦楞纸板自动生产线的生产机速，保证瓦楞纸板成型良好。

4. 彩印贴面胶水质量控制

彩面黏合牢固、不透楞，是保证纸箱整体质量的关键。如果经贴面黏合压平后出现黏合不良，是很难补救的，可采取如下方法控制。

① 控制施胶量，瓦楞峰施胶宽度应控制在 1~1.5mm 范围内。

② 胶的黏度（涂-4 杯）控制在 40~60s。

③ 破坏纤维 20~30s，因为初时间过短，在出现运转不正常时，纸板经施胶进入压平带之前纸板上的胶水已干，从而造成黏结不良。因此，初黏时间要控制在 1~3min，完全黏结时间控制在 10min 以内。

5. 贴面后彩印面纸透楞

造成透楞的原因：面纸定量偏低；施胶量过大或胶的黏度过低，或黏合剂的含水量偏高。

解决方法：在黏度和施胶量正常的情况下，提高面纸定量，提高黏合剂固含量，或减少对瓦楞峰的施胶量。因不同的设备运转速度对胶量的要求不一样，这就要求在日常生产过程中不断总结经验，视具体情况调整施胶量。

6. 调整贴面机的施胶量

控制贴面机下施胶辊的间隙，减少对瓦楞峰的施胶量，提高纸板贴面后的干燥速度。

7. 黏合剂的选用

根据纸板的具体情况选择适合的胶水，对质量要求高的纸箱，则应使用高质量白乳胶。

在正常生产情况下，要求施胶过程中无甩胶现象，保证瓦楞纸板通过贴合部时，瓦楞纸板无多余胶水溢出，避免对彩印面层产生损坏。

第五节　瓦楞纸箱防潮处理

要求对瓦楞纸箱进行防潮处理后，再包装物资的主要是军用物资、冷冻、冷藏、速冻食品及蔬菜、水果等。对瓦楞纸箱作防潮处理的方法主要有手工涂刷和机械涂布。

一、 手工涂刷水溶型纸箱防潮剂

用毛刷直接蘸上水溶型防潮剂在纸箱表面涂刷，在涂刷过程中需将纸箱摇盖和纸箱端面贴免水胶纸的部位留出来（目的是确保免水胶纸在纸箱包装时粘贴牢固），待涂刷了防潮剂的瓦楞纸箱干透后，即可打包入库。

二、 手工涂刷溶剂型防潮剂

手工涂刷溶剂型防潮剂需对瓦楞纸箱表面进行打底处理。方法是：用牛胶溶液、糨糊或聚乙烯醇溶液涂刷在瓦楞纸箱表面，将纸的表面纤维孔填住，并将打了底的瓦楞纸箱晾干。将防潮剂酚醛清漆（或熟桐油）类涂料与纯汽油按适当的比例混合后搅拌均匀，用毛刷蘸上防潮剂；在已打底干透的瓦楞纸箱表面涂刷均匀，待表面涂料干透后方可打包入库。

涂刷过程的几点注意事项如下：

① 打底用胶不得凝固结块，胶水必须要有较强的遮盖能力，在涂刷防潮剂后，防潮剂不得浸入纸箱表面的纤维内，以防纸箱表面因浸入防潮剂出现色泽深沉问题；

② 所用汽油中不得混有不干性或半干性油类（如煤油、机油、柴油、松节油等），防止涂层干不透；

③ 产品涂刷防潮剂晾干时必须保证通风良好，确保防潮剂干透；

④ 所用溶剂型防潮剂必须是保质期内的产品。

三、 用机械对瓦楞纸箱做防潮处理

用此种方法对纸箱表面进行涂布处理，一般是在瓦楞纸板线上对原纸进行涂布。方法有刮涂与辊筒涂布两种方式，这两种方式效率高且可大批量生产纸箱。涂布方式见图 6-2。

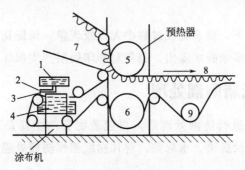

(a) 刮涂式机械涂布系统

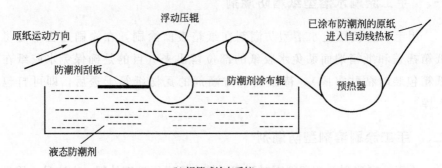

(b) 辊筒式涂布系统

图 6-2　瓦楞纸箱防潮处理

1—液态防潮剂储存盘；2—阀门；3—橡胶刮板；4—防潮剂回收盘；
5，6，9—预热烘缸；7—瓦楞纸板面层纸；8—A 楞或其他楞型

第七章　纸箱模切

第一节　模切机

纸箱模切是纸箱生产的一种辅助手段，尤其是生产彩色瓦楞纸箱、纸盒，因其压线精度高、成型好，在纸箱厂使用比较普遍。目前在纸箱行业使用最多的模切机有平压平模切机、圆压平模切机和圆压圆模切机。

模切机的结构外形见图 7-1。

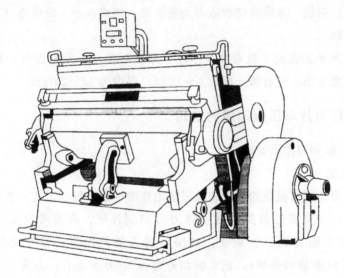

(a) 平压平模切机

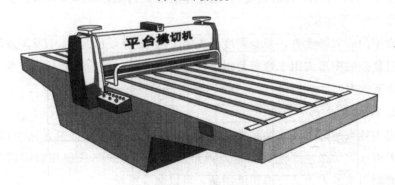

(b) 圆压平模切机

图 7-1　普通模切机外形结构

第二节　模切板的制作

一、 制版工具和材料

1. 工具

圆头橡胶锤或木锤、钢丝钳、12寸扳手、小铁锤、100mm钢直尺、300mm三角尺、平口取子、梅花取子、小台虎钳、手电钻、圆规、铅笔、专用锯条、制刀模具一套、CK-9刀片冲切机一台、CQJ-40裁切两用机一台、J-1500C锯床一台，精密切刀机一台、刀片成型机一台、精密弯刀机一台。

2. 材料

钢刀、钢线、木质模切版或者是胶合板、海绵胶条、压线条（又称压模条、压线贴）。

模切版要求表面平整弯曲变形小、厚度误差小、紧密度大、耐潮性能好、伸缩变形小。胶合板一般为9～13层，厚度为18～20mm。

二、 模切刀片与压痕钢线的选用

（一）模切刀质量要求

1. 硬度

模切刀片应有很高的硬度和较好的耐弯曲性能。好的刀片一般采取刀刃淬火技术，在柔韧的刀身基础上将刀刃特别淬硬。在刀弯至最小角（如20°）时也不断裂或产生裂纹。常用普通刀的硬度有，刀身与刀锋都是450HV（TOP顶级硬度），正常模切寿命为30万次左右；刀身与刀锋的硬度都是525HV（H75特级硬度），适用于五层瓦楞纸箱和厚卡纸盒，正常模切寿命为60万次左右。

常用的软刀硬度有，刀身硬度为340HV，刀锋硬度为640HV，适用于模切很复杂的图形或用于弯折角很小的位置，及其一般的纸制品。正常寿命为130万次左右。

2. 锋利性

刀尖越细越好，要求控制在12μm以内，刀片的锋利性包含两个内容，一是刀刃顶尖的微观厚度；二是刀刃角度。刀刃有拉制成型和磨制成型两种，磨制出来的刀刃适合模切纸制品，可以减少纸粉。

3. 耐久性能

可选用42°刃角刀片通过减少摩擦降低模切压力来提高刀片的使用

寿命。

4. 厚度

模切刀片的厚度应均匀一致，不一致会直接影响到往模切版上装刀。刀片过厚，装刀时会导致模版挤胀变形，厚度过小，又会导致刀片安装不稳定，出现受压易倒、易脱落等毛病。

5. 刀片直线度和高度

要求均匀稳定。普通刀的平直度在 0.1～0.65mm/m 以内，高度公差为 ±0.015mm。

（二）压痕钢线质量要求

要求压痕端面的圆头光滑，从两侧到顶端过渡均匀，圆弧中轴对称，硬度适中，稳定性强，高度、厚度偏差小，规格齐全。

压痕钢线高度计算公式为：

压痕线高度＝刀片高度－模切板的厚度±修正值

压痕钢线厚度≥模切材料厚度

对购入的压痕钢线，一定要用千分尺测量其厚度与高度，看是否与钢线上的标注尺寸相符，做到心中有数，提高制版精度。

三、 模切刀、 线的制作成型

先进行钢刀、钢线的裁切和成型加工，按照要求将钢刀和钢线进行裁切、弯曲成相应的长度和形状。在制作钢刀和钢线时，要尽量用最长的钢刀和钢线，以减少钢刀和钢线的拼接，尽量保证裁切刀口的连贯性和完整性。在必须要拼接时，也应将拼接处留在不影响美观和加工的地方。这一工序的完成一般有两种方法，一是手工单机成型加工钢刀、钢线；二是用自动弯刀机成型加工钢刀、钢线。

手工单机成型加工钢刀、钢线的专用设备，主要有刀片裁切机、刀片成型机（弯刀机）、刀片冲孔机（连接点切刀机）、刀片切角机等。其中，刀片裁割、裁切机用于钢刀和钢线的长度裁切；刀片成型机（弯刀机）用于钢刀和钢线的圆弧或角度的精确成型；刀片冲孔机（连接点切刀机）用于连接点部分的刀、线冲孔；刀片切角机用于刀、线相交处钢刀的刀角（保证有效切断）。用这种加工方法速度较慢，生产效率低，不能加工精细复杂图形，重复性差，且对人工的熟练程度和技术水平依赖性很大，但成本相对较低，适合低质量、工期不紧的模切版制作。而加工精细复杂，图形准确，重复精度高的有激光刀线成型机。

四、 平压平模切板制作

平压平模切板的制作流程如下。

绘制模切版轮廓图→在模版上开割安装模切刀的槽沟和安装压痕钢线的槽沟→钢刀钢线裁切成型→安装钢刀钢线→锉制连接点→贴退模海绵条→粘贴压痕底模→试切垫线→模切样品，样品鉴定确认。

（一）绘制模切版轮廓图

根据要求对模切版版面进行如下设计。

① 确定版面大小，应与所选用设备的规格和工作能力相匹配。

② 确定模切版的种类。

③ 选择模切版所用材料及规格。

设计好的版面，模切版的规格尺寸与位置要与产品的规格尺寸、位置以及产品成型的要求相符，工作部分应居于模切版的中央位置，线条、图形的移植要保证产品所要求的精度，版面刀线要对直，纵横刀线互成直角并与模切版四周外轮廓平行，断刀处和断线处要对齐。

轮廓图必须是整个产品的展开图，它是模切版的制作依据。可用手工直接在模切版上绘制模切轮廓图，也可采用 CAD 设计产品成型图，然后按1∶1的比例直接输出模切版轮廓图，这样能更有效地保证产品成型图与模切版的统一。如果印刷采用手工直接绘制模切版轮廓图，就需要根据产品的实际尺寸在模切版上绘制模切轮廓图。在制版过程中，为了保证制出的模版完整，有利于生产和使用，要在大面积封闭图形部分，留出若干处"连接点"（即不锯断的部位，可以防止模切版松散脱落），连接点的宽度对于小块版面可设计成 3～6mm，对于大块版面可留出 7～8mm，为使模切版的钢刀、钢线具有较好的模切适性，在产品设计和绘制模切版图时，应注意以下几个问题。

① 开槽、开孔的刀线应尽量采用整线，线条转弯处应带圆角，防止出现相互垂直的钢刀拼接。

② 两条线的接头处，应防止出现尖角现象。

③ 避免多个相邻狭窄废边的连接，应增大连接部分，使其连成一块，便于清废。

④ 防止出现连续的多个尖角，对无功能性要求的尖角，可改成圆角。

⑤ 防止尖角线截止于另一个直线的中间段落，这样导致固刀困难，钢刀易松动，并降低模切精度，应改为圆弧或加大其相遇角。

（二）在模版上开割安装模切刀的槽沟和安装压痕钢线槽沟

模切版常用的衬垫材料（底版）有金属衬垫材料和非金属衬垫材料，其中多层胶合板使用最多，胶合板的厚度为 18～20mm。底版（衬垫材料）的切割，主要有锯床切割和激光切割两种形式。

下面简要介绍用手工进行锯床切割的方法。

锯床切割是目前中小企业自行加工模切版的主要方法，锯床的工作原理是利用特制锯条的上下往返运动，在底版上加工出可装钢刀、钢线的窄槽，锯条的厚度等于相应位置钢刀、钢线的厚度。

有的锯床上配有电钻，如果没有配制，也可自己配一把手电钻，然后用电钻在底版的轮廓图线上钻孔，钻孔后将锯条穿过底版，再按所绘制的轮廓图样进行切割。现在的锯床根据使用的场合和制版种类不同，规格丰富且功能完善，有的锯床配有吸尘系统，可以把锯切的锯末屑自动收集，锯条可以进行电动装夹，有些大版面锯床工作台面上还配有气浮系统，可以使大版面锯割轻快灵活，如今 CAD/CAM 技术也已应用到模切版的制作，其原理是利用 CAD/CAM 技术和计算机控制技术，控制锯床完成切割，其制版质量有较大提高。

（三）安装钢刀与钢线

钢刀、钢线制作成型后，安装时把切割好的底版放在制版台上，将一段加工好的刀线背部朝下、刀口朝上，在刀刃上垫一块弹性较好的橡胶版或松软的木板，用专用刀模木制锤，把刀线锤入模版的刀线槽内。锤打时一定要用专用的刀模橡胶锤或木锤，或在刀模锤头部位包上高弹性的橡胶制品，在锤打刀线刃口时，可以保证不伤刃口。近年来，自动装刀机也已出现，使装刀速度和装刀质量有很大提高。

（四）制作模切品连接点

在模切版制作过程中，制作模切品切断线的连接点相当重要。连接点就是在模切刀的刃口部位开出一定宽度的小口，在模切过程中，使废料和加工毛边。在模切后仍有局部连在整个模切片上而不脱落，以便于顺利退模，并方便下一步顺畅模切。

制作连接点的设备是专用刀线打孔机，即用砂轮磨削，不要用锤子和錾子去开连接点，否则会损坏刀线和搭脚，造成连接点部分产生毛刺。使用连接点的宽度有 0.3mm、0.4mm、0.5mm、0.6mm、0.8mm、1.0mm 等大小不同的规格，常用的规格为 0.4mm。连接点通常设计在成型产品看不到的隐蔽处，成型后外观处的连接点应越小越好，以免影响外观质量，另外，还应注意不要在过桥位置开连接点（因为过桥位置地模切刀是悬空的）。

（五）贴退模海绵条

钢刀、钢线安装完毕，为防止模切刀在模切、压痕时卡住模切品，保证模切顺畅，在刀线两侧要粘贴富有弹性的海绵条。富有弹性的海绵条，在模切过程中的主要作用，是退出已模切好的制品。海绵条的质量好坏，会直接影响模切速度和模切制品的质量。一般来说，海绵条应高出模切刀3～5mm。在不同模切机上，应根据模切的速度和被模切的产品及相关条件，选用不同硬度、尺寸、形状的海绵条，选择海绵条可遵循以下原则。

① 在模切刀口下沿的空当处多选用硬性海绵条，软性海绵条多放在模切刀下沿或模切刀与模切刀之间的缝隙中。

② 模切刀的距离如果大于 8mm，则应选择硬度为 HS600 的海绵胶条。

③ 模切刀的距离如果大于 10mm，最好选用硬度为 HS250（瓦楞纸板用）或 350（卡纸板用）的海绵胶条。

④ 模切刀的距离如果小于 10mm，则选择硬度为 HS700 的拱型海绵胶条为好，如果大于 10mm 则应选择硬度为 HS350 的海绵胶条。

⑤ 模切刀的打口位置使用硬度为 HS700 的拱型海绵胶条，用于保护跨接点不被拉断。

⑥ 模切胶条距离刀线的理想距离为 1～2mm。

（六）制作模切压痕底模

产品模切压型是利用钢线压在产品规定的尺寸折痕处，使模切产品按规定的精度折叠成型。为了达到此目的，需在模切板的压痕钢线对应的钢底板上，制出与钢线相对应的凹槽，即压痕底模。制作压痕底模因所用材料、设备和工具不同，其具体制作方法也有所不同。下面简要介绍几种底模的制作技巧。

① 用复写纸或其他着色材料在 $250～320g/m^2$ 的牛皮卡纸上画出模切的线迹，把画好线迹的牛皮卡纸裁切成比模切产品轮廓图大 3～5cm 的样张，用快干胶粘贴到模切机的钢底板上。将粘在钢板上的纸压出痕迹，按照复写纸印出的线痕块面，用手工拼贴牛皮卡纸，制成底模凹槽。用这种方法制作压痕底模效率较低，精度差、耐用性不太好且所压出的线条不够饱满，也不太均匀。

② 用底模开槽机铣出底模：在硬质底模材料上，用手工绘制或用模切机压印出所需的底模线迹，再用专用压痕底模开槽机，配上所需凹槽宽度的锯片，在底模材料上锯出凹槽，形成压痕底模。用这种方法制作出的底模，比手工粘贴制作出的底模在精度上有所提高。

③ 制作钢底模：用机床在钢底模上按规定的尺寸铣出凹槽，用这种方法加工出的钢底模尺寸稳定性好，机械强度高，但制作成本也较贵，适合于生产大批量的长线模切产品。

④ 用压线条（又称压模条、压线贴）制作压痕底模：它具有价格便宜，制作简单、快捷、方便，无需专用设备，制作出的压痕底模耐用（压痕次数可达 30 万次），压出的线条规整清晰美观，适合各种批量的产品模切。下面对此种压痕底模与制作方法作进一步介绍。

该压痕模主要由压痕底模、定位胶条、强力底胶片及保护胶贴四大部分构成。压痕模用槽深×槽宽表示型号。

（1）通用压线条的类型　通用压线条主要有几种类型，如标准型、反向弯曲型、深度加深型、偏心型（单边狭窄型）及双线压痕型。

压线条应根据模切的产品选用，下面以模切瓦楞纸板和牛皮卡纸为例介绍选用方法：

模切瓦楞纸板按以下方法选用压线条。

压线条厚度≤瓦楞纸板压实后的厚度，压线条宽度＝（瓦楞纸板压实后的厚度×2）＋钢线厚度。

如瓦楞纸板压实后的厚度为 0.85mm，选用压痕线条的厚度为 1.0mm。

压线条的槽宽＝（0.85×2）＋1.0＝2.7（mm），应选用的压线条的型号为 0.8mm×2.7mm。

模切牛皮卡纸按以下方法选用压线条。

压线条厚度≤牛皮卡纸厚度，压线条宽度＝（牛皮卡纸厚度×1.5）＋钢线厚度。

如牛皮卡纸厚度为 0.52mm，压线条的厚度为 0.71mm，压线条的槽深为 0.52mm。

压线条的槽宽＝（0.52×1.5）＋0.71＝1.49（mm）（约为 1.5mm），应选用压线条的型号为 5mm×1.5mm。

（2）用压线条制作压痕底模的步骤

① 在安装压线条前，先把模切机的压力调节好，把模切机底模钢板打扫干净；

② 根据模切压痕版上钢线的长度，裁切压线条的长度；

③ 用压线条专用裁切机，切开压线条，在压线条两端自然切成 90°尖角；

④ 用压线条上部的定位塑料条，将压线条卡在模切压痕版对应的钢线上，撕掉压线条底部的保护胶贴；

⑤ 模切压痕版装在模切机上，开机试切一次，压线条即定位在底模钢板上；

⑥ 撕掉粘在底模钢板上压线条的定位塑料条，压线条的定位工作即

完成；

⑦ 压线条要用强力胶粘贴，并用橡胶锤锤打压线条，使压线条与钢板粘贴牢固。

（七）试切调整刀线精度

模切版和模切底模制作完成后，先将模切版装到模切机上进行试切，若试切出的样品局部正常，而有部分切不断，就要对局部范围进行垫版，这叫"补压"。垫版就是利用 0.05mm 厚的纸板或者用免水胶纸，粘贴或垫在模切刀线背面的低矮处，对模切刀或钢线进行高度补偿调整。其调整精度对模切质量和模切速度有着直接影响，此项工作对操作工人的经验和技术要求也较高。

通过以上步骤，模切版已基本制作完毕。但在正式生产前，还必须经过试切样品，对样品进行全面审核校对，并经客户确认签样后方可正式投产。

五、 圆压圆模切制版用模具和材料

木模板直径 365mm×厚度 17mm，弧形齿刀直径 353mm×高度 23.8mm（10～11 齿/英寸），直形齿刀高度 23.8mm（10～11 齿/英寸），弧形线高度 22.8mm，直径 353mm，直形线高度 23mm。

木模板直径为 365mm×高度（18～19）mm，所用弧形齿刀直径为 353mm×高度 24.6mm（8 齿/英寸）。直形齿刀高度 24.6mm（8 齿/英寸）。

常用的模切刀高度为 23.8mm 和 25.4mm，其中，硬模切时通常选用高度为 23.8mm 的模切刀，软模切时通常选用 25.4mm 的模切刀。

常用压痕线的厚度为 0.45mm、0.71mm、1.05mm、1.42mm、2.13mm，压痕线的高度为 22～23.8mm。压痕线的选用原则是，压痕线的厚度要大于瓦楞纸板厚度，压痕线的高度等于模切刀高度减去瓦楞纸板的厚度再减去 0.05～0.1mm。

辅助材为脱模海绵，厚 26～28mm，铁钉和木螺钉（2.5～4cm），粘即得胶或者万能胶、U 力胶、易损件等。

制圆压平模切机的模切板需厚度为 5mm 的冷轧钢板。

第三节　模切生产中的常见问题处理

模切加工易出现的主要质量问题是模切精度低、模切刀易损坏、压痕效果差（暗线或炸线）、纸板粘连模切版退模困难、模切版松散、产生纸毛和纸灰过多。针对这些问题可采取以下办法加以解决。

1. 模切版制作精度差

产生的原因：手工制版从画图开始到在模版上锯割开槽的精度其误差都较大，开出的槽与装入的钢刀或钢线之间的间隙大。

解决办法：在电脑上用CAD制图，通过打印机输出图纸，将图纸用胶水均匀地粘贴到模板上，再按照图纸上的线条开割钢刀钢线槽沟。另外，制板者要提高自身的操作技能，确保用手工制出精度较高的模切板。

2. 模切制成品的模切刀口毛刺多

产生的原因：模切刀的刃口磨损严重、刃口出现缺损或模版沟槽间隙过大，引起模切时刀线变形，受力不均匀；模切机的压力过轻，或者是模切刀的高度不一致加上又未补压。

解决办法：更换变形和已磨损的刀，将刀片装紧，重新调整模切机的压力，仔细检查有毛刺的地方，并在刀背部对应的地方垫纸加高补压。

3. 模切制品压痕线和模切刀口不规矩出现扭曲

产生的原因：模切版上槽缝太宽，刀线在压力的作用下出现扭动；钢刀钢线的硬度不够，或太高。

解决办法：提高模版的开槽精度，换成硬度大和高度合适的钢刀钢线。

4. 模切时模切制品退模困难

产生的原因：模切刀周围粘贴的海绵条过稀或回弹性过小，导致回弹力不够。模切制品的连接点太多或太少，加上退模海绵条又粘贴不合理或模切刀口有毛刺。

解决办法：重新更换和粘贴退模海绵条。对不合理的连接点重新进行更换。换掉毛刺多的刀片。

5. 压痕线压破制品或压痕线成型不好

压痕线压破制品产生的原因：模切机的压力调得过大，原纸质量差，压痕底模高低不平。

压痕线成型不好产生的原因：模切机的压力太轻，钢线的高度或压痕底模的高度不一致。

解决办法：重新调整好模切机的压力，并针对钢线和压痕底模重新补垫和调整钢线的高度。

6. 模切压痕与产品要求位置不对

产生原因：模切机上的定位规矩不对。

解决办法：根据产品要求，重新校准模切版，将产品与模切压痕位置套正，或通过调整模切机上的侧定位与前定位规矩来校准。

第八章 瓦楞纸板与瓦楞纸箱质量要求

第一节 瓦楞纸板技术质量要求

瓦楞纸板技术质量标准,分物理性能指标和外观质量要求。根据被包物品的性质和不同用途,国家对瓦楞纸板的技术质量性能要求又有所则重,并分别颁布了《瓦楞纸板》GB 6544 和《军用瓦楞纸板》GJB1110A。

一、瓦楞纸板

根据《瓦楞纸板》(GB 6544)规定,瓦楞纸板按质量可分为优等品和合格品,具体要求见表 8-1。

表 8-1 瓦楞纸板质量要求

代号[①]	瓦楞纸板最小综合定量/(g/m²)	优等品			合格品		
		类级代号	耐破度(不低于)/kPa	边压强度(不低于)/(kN/m)	类级代号	耐破度(不低于)/kPa	边压强度(不低于)/(kN/m)
S	250	S-1.1	650	3.00	S-2.1	450	2.00
	320	S-1.2	800	3.50	S-2.2	600	2.50
	360	S-1.3	1000	4.50	S-2.3	750	3.00
	420	S-1.4	1150	5.50	S-2.4	850	3.50
	500	S-1.5	1500	6.50	S-2.5	1000	4.50
D	375	D-1.1	800	4.50	D-2.1	600	2.80
	450	D-1.2	1100	5.00	D-2.2	800	3.20
	560	D-1.3	1380	7.00	D-2.3	1100	4.50
	640	D-1.4	1700	8.00	D-2.4	1200	6.00
	700	D-1.5	1900	9.00	D-2.5	1300	6.50
T	640	T-1.1	1800	8.00	T-2.1	1300	8.00
	720	T-1.2	2000	10.0	T-2.2	1500	6.00
	820	T-1.3	2200	13.0	T-2.3	1600	8.00
	1000	T-1.4	2500	15.5	T-2.4	1900	10.0

①代号:S——单瓦楞纸板;D——双瓦楞纸板;T——三瓦楞纸板。

注:各类级的耐破强度和边压强度可根据流通环境或客户的要求任选一项。

单瓦楞纸板厚度应高于表 8-2 所规定和相应楞高的下限值，多层瓦楞纸板厚度应高于表 8-2 所规定相应楞高的下限值之和。

表 8-2 瓦楞纸板厚度要求

楞型	楞高 h/mm	楞宽 t/mm	楞数/(个/300mm)
A	4.5～5.0	8.0～9.5	34±3
C	3.5～4.0	6.8～7.9	41±3
B	2.5～3.0	5.5～6.5	50±4
E	1.1～2.0	3.0～3.5	93±6
F	0.6～0.9	1.9～2.6	136±20

瓦楞纸板的长度、宽度由供需双方协商确定。所用原纸应根据瓦楞纸板耐破强度和边压强度要求选用箱纸板（GB/T 13024）和瓦楞芯（原）纸（GB/T 13023）中的相关质量水平等级的材料。黏合剂用淀粉黏合剂或其他具有同等效果的黏合剂。

瓦楞纸板的任一黏合层的黏合强度应不低于 400N/m，水分应不大于 14%。

瓦楞纸板外观不应有缺材、薄边，切边应整齐，表面应清洁、平整，在每 1m 的单张瓦楞纸板上，不应有大于 20mm 的翘曲。

二、 军用瓦楞纸板

按照《军用瓦楞纸板》（GJB 1110A）规定，单瓦楞纸板和双瓦楞纸板物理强度指标见表 8-3 要求。

表 8-3 军用瓦楞纸板物理强度指标

类别	一级				二级			
	种类	耐破强度/kPa	边压强度/(N/m)	戳穿强度/J	种类	耐破强度/kPa	边压强度/(N/m)	戳穿强度/J
单	S-1.1	588	4900	3.4	S-2.1	409	4410	2.9
瓦	S-1.2	784	5880	4.9	S-2.2	686	5390	4.4
楞	S-1.3	1177	6860	6.4	S-2.3	980	6370	5.9
纸	S-1.4	1569	7840	8.3	S-2.4	1373	7350	6.9
板	S-1.5	1961	8820	9.8	S-2.5	1765	8330	7.8
双	D-1.1	784	6860	7.4	D-2.1	686	6370	6.9
瓦	D-1.2	1177	7840	8.8	D-2.2	980	7350	8.3
楞	D-1.3	1569	8820	10.3	D-2.3	1373	8330	9.8
纸	D-1.4	1961	9800	12.5	D-2.4	1765	9310	10.8
板	D-1.5	2550	10780	13.7	D-2.5	2158	10290	12.7

注：S——单瓦楞纸板；D——双瓦楞纸板。

瓦楞的形状为 U 形、V 形或 UV 形。单瓦楞纸板厚度不低于所选用瓦楞楞高的下限值，双瓦楞纸板厚度不低于所选用两种瓦楞楞高下限值之和。

一级瓦楞纸板使用的瓦楞原纸、箱纸板分别不低于 GB13023、GB13024 中 B 级的规定。

二级瓦楞纸板使用的瓦楞原纸、箱纸板分别不低于 GB13023、GB13024 中 C 级的规定。

制造瓦楞纸板应使用淀粉黏合剂或具有同等效果的其他黏合剂，不得使用硅酸钠黏合剂。

瓦楞纸板的外观质量要求如下。

① 瓦楞纸板表面不应有污斑、透胶、折痕、缺材、露楞和破洞等缺陷；

② 瓦楞纸板表面应平整，单张瓦楞纸板每平方米长度内纵、横向曲翘均不大于 20mm；

③ 瓦楞纸板各层纸黏合牢固，单张瓦楞纸板每平方米脱胶之和不大于 20cm²；

④ 瓦楞纸板切边整齐，无明显毛刺，切断口表面破损宽度不大于 8mm。

瓦楞纸板的物理力学性能如下。

（1）厚度　单瓦楞纸板厚度不低于所选用瓦楞楞高的下限值，双瓦楞纸板厚度不低于所选用两种楞型高度下限值之和。

（2）含水率　瓦楞纸板的含水率为（14±4）%。

（3）边压强度、耐破强度、戳穿强度　不小于表 8-3 的规定值。

（4）黏合强度　瓦楞纸板黏合强度不低于 1470N/m。

第二节　瓦楞纸箱技术质量要求

瓦楞纸箱的技术质量要求也和瓦楞纸板一样，分物理性能指标和外观质量要求。根据被包物品的性质和不同用途，国家对瓦楞纸箱的技术质量性能要求也有所侧重，并分别颁布了《运输包装用单瓦楞纸箱和双瓦楞纸箱》（GB/T 6543）、《军用瓦楞纸箱》（GJB1109A）、《包装容器 重型瓦楞纸箱》（GB/T16717）。

一、 运输包装用单瓦楞纸箱和双瓦楞纸箱技术质量要求

1. 技术质量要求

运输包装用单瓦楞纸箱和双瓦楞纸箱技术质量要求见表 8-4。

表 8-4　运输包装用单瓦楞纸箱和双瓦楞纸箱技术质量要求

种类	内装物最大质量/kg	最大综合尺寸①/mm	1 类②		2 类③	
			纸箱代号	纸板代号	纸箱代号	纸板代号
单瓦楞纸箱	5	700	BS-1.1	S-1.1	BS-2.1	S-2.1
	10	1000	BS-1.2	S-1.2	BS-2.2	S-2.2
	20	1400	BS-1.3	S-1.3	BS-2.3	S-2.3
	30	1750	BS-1.4	S-1.4	BS-2.4	S-2.4
	40	2000	BS-1.5	S-1.5	BS-2.5	S-2.5
双瓦楞纸箱	15	1000	BD-1.1	D-1.1	BD-2.1	D-2.1
	20	1400	BD-1.2	D-1.2	BD-2.2	D-2.2
	30	1750	BD-1.3	D-1.3	BD-2.3	D-2.3
	40	2000	BD-1.4	D-1.4	BD-2.4	D-2.4
	55	2500	BD-1.5	D-1.5	BD-2.5	D-2.5

① 综合尺寸是指瓦楞纸箱内的长、宽、高尺寸之和。

② 1 类纸箱主要用于储运流通环境比较恶劣的情况。

③ 2 类纸箱主要用于流通环境较好的情况。

注：当内装物最大质量与最大综合尺寸不在同一档次时，应以其较大者为准。BS 为单瓦楞纸箱，BD 为双瓦楞纸箱。

瓦楞纸箱所使用的瓦楞纸板见表 8-4，各项技术指标应符合 GB/T 6544 规定，成箱后取样进行检测的纸板强度指标允许低于标准规定值的 10％。

钉合瓦楞纸箱应采用宽度 1.5mm 以上的经防锈处理的金属钉线，钉线不应有锈斑、剥层、龟裂或其他使用上的缺陷。

黏合瓦楞纸箱应使用有足够接合强度的符合有关标准规定的黏合剂。

瓦楞纸箱外尺寸应符合《硬质直方体运输包装尺寸系列》（GB/T 4892）规定，长宽之比一般不大于 25：1，高宽比一般不大于 2：1，一般不小于 0.15：1。

瓦楞纸箱尺寸公差为单瓦楞纸箱±3mm，双瓦楞纸箱±5mm。

2. 质量与结构

① 瓦楞纸箱的接合可用钉丝或黏合剂黏合，不得有黏合及钉合不良、不规则、脏污、伤痕等缺陷。

② 瓦楞纸箱钉合搭接舌边宽度：单瓦楞纸箱为 30mm 以上，双瓦楞纸箱为 35mm 以上。钉接时，钉线的间隔为单钉不大于 80mm，双钉不大于 110mm。沿搭接部分中线钉合，采用斜钉或横钉，箱钉应排列整齐，均匀，头尾钉距底面压痕中线的距离为 13mm±7mm，钉合接缝应钉牢、钉透，不得有叠钉、翘钉、不转角等缺陷。

③ 瓦楞纸箱接头黏合搭接舌边宽度不少于 30mm，黏合接缝的黏合剂涂布应均匀充分，不得有多余的黏合剂溢出，黏合应牢固，剥离时至少有

70％的黏合面被破坏。

④ 瓦楞纸箱压痕线宽度不大于 17mm，折线居中，不得有破裂或断线，箱壁不得有多余的压痕线。

⑤ 异型箱除外，构成纸箱各面的切断部及棱必须互成直角，在压痕、合盖时，瓦楞纸板的表面不得破裂，在切断部位不得有显著的缺陷，切断口表面裂损宽度不得超过 8mm。

⑥ 箱面印刷图字清晰，位置准确。根据需要，在适当位置印刷瓦楞纸箱的种类或代号、生产日期及制造厂等信息。

⑦ 纸箱摇盖应牢固，可以经受多次开合。以先开后合 180°往复 5 次试验，面层不得有裂缝，里层裂缝长总和不大于 70mm。

⑧ 纸箱抗压能力按纸箱抗压强度检测方法进行平面压力试验，其强度值应大于规定值。

⑨ 纸箱抗机械冲击能力应与其内装物的性质、包装防护方式等综合考虑。可由供需双方协商进行有关试验并确定试验强度值，具有特殊要求（如防潮等）的纸箱性能应符合其他有关标准或规定。

二、 军用瓦楞纸箱

根据《军用瓦楞纸箱》（GJB 1109A）规定，军用瓦楞纸箱分类见表 8-5。

表 8-5　军用瓦楞纸箱分类

种类	内装物最大质量/kg	最大综合尺寸/mm	一级		二级	
			纸箱种类	纸板种类	纸箱种类	纸板种类
单瓦楞纸箱	5	700	BS-1.1	S-1.1	BS-2.1	S-2.1
	10	1000	BS-1.2	S-1.2	BS-2.2	S-2.2
	20	1400	BS-1.3	S-1.3	BS-2.3	S-2.3
	30	1750	BS-1.4	S-1.4	BS-2.4	S-2.4
	40	2000	BS-1.5	S-1.5	BS-2.5	S-2.5
双瓦楞纸箱	10	1000	BD-1.1	D-1.1	BD-2.1	D-2.1
	20	1400	BD-1.2	D-1.2	BD-2.2	D-2.2
	30	1750	BD-1.3	D-1.3	BD-2.3	D-2.3
	40	2000	BD-1.4	D-1.4	BD-2.4	D-2.4
	55	2500	BD-1.5	D-1.5	BD-2.5	S-2.5

注：1. 综合尺寸为纸箱内尺寸的长、宽、高之和。

2. 内装物最大质量与最大综合尺寸不在同一档次时，应选其高的档次。

3. DS 为单瓦楞纸箱，BD 为双瓦楞纸箱。

（一）材料

1. 瓦楞纸板

制造纸箱应按表 8-5 选用同时满足内装物最大质量和综合尺寸要

求的相应等级纸板种类的瓦楞纸板，瓦楞纸板应符合 GJB 1110A 的规定。

2. 箱钉

钉合纸箱用的箱钉应由低碳钢扁丝加工而成，并应镀铜或镀锌，箱钉不应有锈斑、剥层、龟裂或其他影响使用的缺陷。

3. 纸箱附件

提高纸箱抗压力用的箱套、内衬、隔板、角衬等纸箱附件应符合 GJB 1110A 规定的瓦楞纸板的要求。

4. 黏合剂

要求无毒、无害、无腐蚀性。

（二）外观质量

1. 纸箱尺寸

纸箱尺寸按纸箱内尺寸的长度（L）、宽度（W）、高度（H）表示，纸箱底面外尺寸应符合《军用物资直方体运输包装尺寸系列》（GJB 182）的规定。

2. 纸箱成型

搭接边：纸箱接头搭接边的宽度不小于 35mm。

叠角孔：纸箱成型后各叠角漏孔不大于 5mm。

钉合成型：当纸箱采用钉合成型时，采用斜钉（与纸箱立边成 45°）或竖钉（与纸箱立边平行）。箱钉应沿搭接边中线钉合，偏斜不超过 5mm，排列整齐、均匀。双排钉钉距不大于 75mm，单排钉钉距不大于 55mm。头尾钉至上下边压痕线的距离不大于 20mm，钉合接缝处应钉牢、钉透，不应有叠钉、翘钉、断（裂）钉、不转角钉等缺陷。

黏合成型：当纸箱用黏合成型时，搭接边处黏合剂应涂布均匀、充分、无溢出。剥离时纸板黏合面不应分离。

3. 方正度

纸箱经打开支撑成型后，各折叠部位互成直角，箱体应方正、不偏斜。当纸箱综合尺寸小于 1000mm 时，顶面两对角线之差不应大于 5mm；当纸箱综合尺寸大于、等于 1000mm 时，顶面两对角线之差不应大于 8mm。

4. 尺寸公差

纸箱长、宽、高的单项内尺寸，单瓦楞纸箱的公差为 ±3mm，双瓦楞纸箱的公差为 ±5mm。摇盖对接的纸箱对接间隙不大于 5mm。

5. 纸箱表面

纸箱表面不应有污斑、透胶、折痕、缺材、露楞和破洞等缺陷。

6. 压痕

单瓦楞纸箱压痕线宽度不大于 12mm，双瓦楞纸箱压痕宽度不大于 17mm，折线居中，不应有破裂、断线、重线等缺陷，箱壁不应有多余的压痕线。

7. 毛刺

裁切刀口无明显毛刺，切口表面裂损宽度不大于 8mm。

8. 手孔、绳孔

当需方要求开手孔或绳孔时，应开在纸箱的两个端面。

9. 标志印刷

纸箱箱面标志印刷应符合《军用物资包装标志》（GJB 1765）的规定。

10. 其他

除另有规定外，应在纸箱内摇盖上印刷生产厂标志等内容，如

按 GJB 1109A 生产

等级代号　B×-×.×

生产厂　××工厂

生产日期　××年×月

（三）物理力学性能

每个纸箱空箱抗压力及测试结果不应小于下述公式的计算值。

试验前将纸箱打开成型，使用压敏胶黏带将纸箱接口封牢，然后按《运输包装件基本试验 第 4 部分》（GB 4857.4）规定进行平面压力试验，测试其最大抗压力，计算公式如下。

$$P = K \frac{H-h}{h} G \times 9.8$$

式中　P——抗压力按《数值修约规则与极限数的值表示和判定》（GB 8170）修约至整数，N；

　　　K——安全系数（一级纸箱 $K=3$；二级纸箱 $K=2$）；

　　　H——堆码高度（不超过 5000mm），mm；

　　　h——单个纸箱高度，mm；

　　　G——包装总质量，kg。

（四）自由跌落性能

自由跌落性能测试按《包装箱跌落测试方法》（GB 4857.5）规定进行，跌落高度按表 8-6 规定，跌落次数为 7 次，跌落顺序按表 8-7 规定。

表 8-6 跌落高度

包装件质量/kg	跌落高度/mm	
	一级	二级
＜10	900	700
＜15	800	600
＜20	650	500
＜30	550	450
＜40	500	350
≤55	450	300

表 8-7 跌落顺序

顺序	跌落点		次数
1	与底面相接的角	例 2-3-5 角	1
2	与底面和端面相接的棱	例 3-5 棱	1
3	与底面和侧面相接的棱	例 2-3 棱	1
4	与侧面和端面相接的棱	例 2-5 棱	1
5	端面	例 5 面	1
6	侧面	例 2 面	1
7	底面	例 3 面	1
合计			7

注：角、棱、面的表示方法按《运输包装件各部位的标示方法》（GB 3538）的规定。

（五）防潮性能

纸箱表面必须进行防潮处理，纸箱的防潮性能用纸箱含水率的变化表示。采用瓦楞纸箱加湿后的试片含水率减去瓦楞纸箱试片加湿前的含水率，测试结果不应大于 5％。

1. 试验方法

① 在纸箱的四个侧面中部各取 250mm×250mm 试片一块。

将其中任两块试片按 GB 462 的规定分别测定其含水率，并计算平均值，该平均值表示未经加湿试验纸箱试片的含水率。

② 将另外两块试片的里面（未经防潮处理面）相对重合在一块，塑料基压敏胶黏带将其四周密封固定在一起，悬挂在温度 50℃±2℃、相对湿度 90％±5％的调温调湿箱内 48h，然后将试片取出，用滤纸将试片表面水汽吸去，再悬挂在温度 23℃±2℃，相对湿度 50％±5％条件下调节 10min 后，将两试片分开，按《纸和纸板水分的测定法》（GB 462）的规定分别测定其含水率，并计算平均值，该平均值表示经加湿试验纸箱试片的含水率。

③ 防潮性能计算如下。

$$H_T = H_2 - H_1$$

式中　H_T——防潮性能，%；

　　　H_1——将两片未经加湿试验纸箱试片按 BG 462 规定分别测定其含
　　　　　　水率，并计算平均值，该平均值表示未经加湿试验纸箱试片
　　　　　　的含水率，%；

　　　H_2——经加湿试验纸箱试片的含水率，%；

④ 每组试验纸箱两个，以两个纸箱试验结果的平均值［按《数据修约
规则与极限数值的标示和判定》（GB 8170）修约到一位小数］表示纸箱的
防潮性能。

2. 瓦楞纸板和纸箱的防潮处理方法

下述方法，供单机或生产线制造瓦楞纸板作防潮处理，也可用作纸箱成
箱后对其表面进行防潮处理。

防潮剂（油）：用于纸板表面处理的防潮剂有石蜡、清漆、苯甲酸硅油、
桐油、聚乙烯醇缩丁醛以及有憎水作用的其他有机化合物。防潮处理方法
如下。

① 纸板经印刷后，再通过浸渍防潮剂，干燥后与瓦楞芯纸、里纸复合
成板；

② 瓦楞纸板经印刷后，涂布防潮剂；

③ 制造瓦楞纸板时，采用耐水性黏合剂，如橡胶型黏合剂、树脂型黏
合剂、热熔胶等；

④ 瓦楞纸板表面涂覆一层热塑性树脂，如聚乙烯膜；

⑤ 纸箱成型后，表面涂刷配制好的防潮剂。

含水率：纸箱含水率不应超出（12±2）%。

纸箱摇盖耐折：将纸箱打开成型后，摇盖处于封闭位置，然后将摇盖向
外打开180°，再向内折回到原位置，反复进行 5 次，目测摇盖折痕，里纸面
纸都不应有裂纹。

第九章　纸箱生产质量控制

第一节　纸箱生产企业质量管理

按 ISO90001 标准要求，企业要编制质量手册、程序文件和内审计划，并成立质量管理组织机构。

企业内部质量管理的范围从顾客的要求开始→设计→生产→监控→交付→沟通→到顾客满意程度的测量全过程管理，全员参与的管理。

内部质量管理：从各管理层职责、资源配置、生产全过程管理，直至测量分析与改进。

质量管理体系：需建立产品实现过程控制程序，把顾客的要求变成实现产品的一套方法。

总要求，按 ISO90001 标准模式建立：体系→实施→保持→改进的质量体系（建立企业自己的法规文件——质量手册）。质量手册为一级文件，它对客户体现出企业的管理水平，对内展示出企业纲领性文件，目标是增强用户的满意度。

质量体系文件可分为三个最基本的层次，一层次为质量方针、质量目标，二层次为质量手册、程序文件，三层次为工艺技术标准（包括作业指导书、外来文件、各类标准、各种规章制度），各种记录（空表格可看成是一个文件）作了记载后就是各种证据（是质量管理的有力证据）。

一、　质量手册编制内容提要

质量手册具体编写方法参照《质量管理体系文件指南》（GB/T19023）。质量手册常见结构与章节格式如下。

① 封面；

② 目录；

③ 公司概况；

④ 手册发布控制页；

⑤ 管理者代表任命书；

⑥ 公司的质量方针和目标；

⑦ 手册说明（适用范围）；

⑧ 引用标准；

⑨ 术语与定义；

⑩ 总要求；

⑪ 文件控制要求；

⑫ 记录控制；

⑬ 管理承诺；

⑭ 资源管理；

⑮ 产品实现；

⑯ 测量、分析和改进；

⑰ 公司组织机构；

⑱ 质量管理体系职责分配表。

二、 按 ISO90001 标准模式要建立的二级程序文件提要

包括如下内容。

① 文件和资料控制程序；

② 质量记录控制程序；

③ 管理评审控制程序；

④ 人力资源管理控制程序；

⑤ 基础设施控制程序；

⑥ 与顾客有关的过程控制程序；

⑦ 产品设计和开发控制程序；

⑧ 采购控制程序；

⑨ 生产和服务运作控制程序；

⑩ 监视测量装置控制程序；

⑪ 顾客满意程度测量控制程序；

⑫ 内部审核控制程序；

⑬ 过程和产品监视和测量控制程序；

⑭ 不合格品控制程序；

⑮ 外包过程控制程序；

⑯ 协商沟通与管理控制程序；

⑰ 数据分析控制程序；

⑱ 纠正和预防措施控制程序。

三、 编制质量手册和程序文件要考虑的相关要素

文件、资料控制主要包括质量手册、程序文件、技术性文件（包括内部和外来的各种标准）工艺卡、操作规程、施工单、合同、技术要求、唛头、样品、样箱的收集，整理归档、发放、变更、销毁都要有记录可查。

实际要求形成文件的程序有六个：

①文件控制程序；

②记录控制程序；

③内部审核控制程序；

④不合格品控制程序；

⑤纠正措施控制程序；

⑥预防措施控制程序。

其他的程序文件，可根据企业的实际情况进行取舍。一般情况下，中型企业的程序在 18 个以上较为合理，很小的企业、过程很简单的，也会有十多个程序文件，而大型企业会更多一些。

文件和资料控制程序包括目的、适用范围、职责、控制程序、相关文件、记录。

（一）文件管理原则

文件必须要求编、审、批、发、用、收齐全。任何文件都必须要有谁编制、谁审核、谁批准，要有具体经办人，对内容、文审的批准是一种手续。对文件要进行编号控制。文件分发收回要登记，对在用的文件控制必须要是实用的有效版本。必须收回作废的文件，对外来文件的管理，如顾客提供的样品、文件、资料、标准也要通过审核批准后方可使用。记录也要纳入控制范围，各种记录要统一编号。生产现场的各种原始记录要分解落实到岗到人，并定期检查、统计分析、监督运行。对各种记录反映出的问题，要进行归类整理，分析改进。

（二）文件编制模式

文件编制模式见表 9-1。

表 9-1 程序文件编制模式

主题	006 与顾客有关的过程控制程序				
类别	程序文件		文件编号 ×××公司-CX-7.2-0-A-2014		
编制	×××	审核	×××	批准	×××
发布日期	20 年 月		修改日期		

下面对有关要素作一简要概述。

1. 管理职责

① 管理承诺，最高管理者对顾客的承诺；

② 明确顾客要求；

③ 制定质量方针和目标；

④ 进行质量管理策划。

2. 质量方针和质量目标

以顾客为关注焦点，确定顾客的期望与要求，把顾客要求转换成实际要求并进行持续改进，不断满足顾客要求，不断改进自己的工作和产品质量。

如某厂的 16 字质量方针是，质量第一（包括质量就是生命）、诚信为本、持续改进（也就是一个 PDCA 循环）、顾客满意。

再如某企业的质量目标是，工作零差错，产品零缺陷；满足顾客要求。

3. 管理策划

管理策划就是构思确立，并根据企业的质量目标，制订企业的具体质量目标和各部门的质量目标，包括工作目标，不是产品质量指标。

4. 职责权限与沟通

要制订各岗位的职责，按现行定岗、定员规范修订完善现有职责。要通过有效的沟通渠道，把目标、措施用会议、文件、交谈的方式进行沟通，公司的什么活动必须要达到规定的应知范围内，在应知范围内要达到人人该知。管理评审和持续改进是把内审、外审发现的各种问题进行归纳整理后，提供给最高管理者作下一步工作部署决策。

5. 资源管理

包括人力资源，基础设施，设备、工作环境，原辅材料，信息资源，资金等。

6. 人力资源管理

① 确定各岗位人员任职资格要求，即工作标准，各岗位人员的使用，可用竞聘、选聘和招聘的方式进行，本公司大多数人员应立足公司自己培训；

② 要制订培训内容与范围；

③ 确定受培人员与师资力量；

④ 对培训效果要进行有效性评价；

⑤ 要建立培训人员的档案。在人员培训方面，着重要做好准备的是，年度培训计划（包括培训班教学计划）、培训审批表、员工岗位培训情况登记表、员工培训档案、学习考试和考勤等方面的原始记录。

7. 基础设施

基础设施包括生产设备，水、汽管网，电气线路，通信，交通及搬运工具，房产。

① 设备的购置改造；

② 设备的使用维护、保养、周检、点检、旬检记录；

③ 生产工房、仓库、办公场地等环境控制。

在生产设备管理方面，要重点抓基础设施控制和监视测量装置控制。在基础设施这一块，主要包括设备、工房、库房和搬运工具。在这几项中又以设备为主，而设备的记录主要是设备台账，每台设备的检修档案，设备的点检记录，设备的周检记录，设备大修申请表，设备报废鉴定申请单，设备入厂开箱验收单，有关设备的规章制度，对每台设备上的标识牌，操作规程，润滑规范，设备卫生，检查是不是都有详细记录和是否有遗漏，工房和库房的产品存放是否整齐、现场管理卫生，门窗、工房、仓库是否修建完好。这些基础设施控制内容都是要落实和审核的。而监视测量控制，则要着重抓住实物质量和记录。实物方面如电压表、电度表、电流表、速度表、蒸汽压力表、空气压力表、蒸汽安全阀、地中衡、磅秤等是否已到期，合格证在不在，检测仪的检定证书全不全，是否有失效和破损的计量表与计量仪器，这一些计量表都分布在不同的管网、管线、设备和仪器上，一定要对每台设备进行检查，一块都不能遗漏。另外就是要做好记录，如计量器具台账，公司的各种计量器具检定校准合格证，计量器具周期检定计划等是否全在，生产现场的卷尺是否有坏的，都要检查核实，并将查出的问题全部进行整改。

8. 产品实现

产品的实现过程是质量保证体系的主要内容，包括从策划、与顾客的沟通、合同评审、产品开发、设计、采购、生产与服务的控制到监视和测量。

常规产品要策划，新产品、新项目要对质量目标、过程、计划、标准、工艺、实施、样品、检验、最终确认等都要策划。在产品生产这个环节，主要控制的是定置管理，产品不准乱丢乱甩，零星收尾产品要及时收清，在平常的工作中都应做到位。产品的搬运、装车，一定要按有关规章制度办理。生产过程中的产品标识要督促相关工序挂好标识牌，另外就是外加工产品的搬运要控制好，按企业的程序文件规定进行生产和运作；对生产计划也要严格进行审核。

9. 与顾客沟通

与顾客有关的过程就是与顾客打交道的过程，对顾客的要求要进行识别，识别的方法可通过合同、电话、订单、交谈来识别。顾客的要求有明示的要求和隐含的要求。

① 明示的要求：在这些要求中有顾客明确规定的要求，如纸箱的用料、规格、颜色、唛头、图纸、箱型、附件、打包数量、交货地点、交货期限、运输方式。

② 顾客隐含的要求：如产品包装方式、工艺流程、仓储条件、运输状态、环境因素，这些顾客没有明确提出的要求，对这些隐含要求有时也必须搞清楚，否则容易出现纠纷。

③ 法律法规的要求必须要掌握：如商标法、商检法、产品质量法、食品卫生法、药品法及国家有关的技术标准规定，都应该通过交谈、询问、电话、订单、合同等多种形式搞清楚。最后的关键就在落实，要将这些做过的工作全部记录下来。进行内部质量审核，就是查这些记录，看是不是每项工作都落实了。

10. 合同评审

合同评审是评审自己的产品和服务是否能满足顾客的要求。

① 以常规产品评审来说，可采取在电话记录上作一简要评审记录即可。

② 对外销产品和新产品、大业务就必须有顾客的签字或盖章确认的样品，或者详细的技术要求方面的文字说明材料，并经各相关部门和有关方面签审或开会评议后，方可签订合同。

③ 产品要求的变更，要重新评审，并要与各部门进行沟通。如果不按这些规定承接业务，肯定会出问题，所以一定要按要求进行运作，并严格做好记录。

④ 与顾客的沟通，可采取通信、走访、电话、函调等各种方式进行。

⑤ 顾客的相关因素评价：产品需求数量、货款支付信用、技术要求程度、潜在的隐性要求（顾客在使用过程中可能要遇到与自己公司有关的问题）、自己的设备加工能力、附件配套与外包定点情况。

11. 产品开发设计

开发是对市场需求的开发，设计是对具体的性能、质量、功能、颜色、式样的设计，在此方面一般有七个环节要控制好。

① 策划包括确定质量目标、性能、各阶段人员的分工。

② 设计输入控制，包括顾客要求、市场及同行业情况、国标和法规调查，及其他要求等，然后制订设计任务书。

③ 设计输出控制，包括实物、文件、资料、标准、工艺要求、检验方法等都要进行评审确定。

④ 设计评审：要有鉴定、审核。目的是挑毛病，把所有的问题都找

出来。

⑤ 设计验证：可用实验、对比、数据来验证。

⑥ 设计确认：对设计产品要站在顾客的角度进行评价。

⑦ 设计更改：对设计不合理、功能不完善的以及顾客提出的新要求要重新进行设计。

12. 采购

对供方要进行量化（打分）评价，采购要有计划、标准、验收、记录。要实行末尾淘汰制，对供方每年都要评价 1 次。且对供方的评价认定工作要做细，从纸、扁丝、淀粉到水墨、印刷版材等方面的资料都应该加以收集。重点是多收集一些原纸供应商的经营情况，企业人员素质、技术能力、质量情况、管理制度、服务态度、供货能力等方面的资料。并对各供应方进行量化考核，评价资料必须是最新的，另外就是材料的采购计划要有完善的审批手续和周密的安排。

13. 生产与服务控制和生产与交付控制

生产与服务控制和生产与交付控制包括生产、标识、储运、交付、服务。各部门的职责自己要清楚，要控制好。生产、计划调度和工艺文件，在生产现场必须是最新的有效版本。

14. 生产流程的控制

对产品质量有直接影响的工序是关键工序，对设备的配置、产品标识、状态标识、顾客提供的财产（包括知识产权）要进行验收，验收后要保管好，控制好。

15. 监视和测量

主要是全过程的质量监控，从材料采购、原材料入厂检验、在制品检查、成品验收、产品出厂等都要有技术质量标准、检验办法、控制程序。重点要抓住各种数据的准确性、真实性和及时性。对计量器具可分成 A、B、C 类进行管理，先查计划，再查实物，可从厂部查到机台和个人，即从上到下的查，也可从下至上的查，即从小组查到最高管理者。

16. 持续改进前的信息收集

对顾客满意度的测量（即售后服务方面），从事供销的全体人员，要建立完善的顾客档案，详细记录其名称、地址、电话、联系人，定制的产品名称、数量、规格等内容。及时做好产品发运、交附和有关问题的咨询解答工作。要经常与顾客通过面谈、电话、信函、传真等各种方法保持联系，及时收集顾客的意见和建议。对顾客提出的退货、换货、索赔要求应立即上门了解真实情况，做好详细记录。并及时反馈给相关部门或主管领导妥善处理。

上面谈到的这些内容，也就是要审核的内容。而且，外审时要拿出顾客满意的证明材料和统计数据，因此必须要按程序文件规定做好这些记录。

对顾客满意度的测量，这方面供销部门和技术、质量部门是主要负责部门。对顾客意见的收集，可从走访、开会、来信、来访、书面调查、顾客退货、降价等方面进行收集，并处理好顾客的意见。要不断地改进工作，通过审核顾客满意度，就可知道自己公司在市场上的信誉度。公司在进行内审时要挑出这些问题进行整改。

在生产过程控制和产品监视控制方面要核查的内容有原材料检验通知单、原纸检验报告、原辅材料检验记录、准用证、纸箱产品质量日报表、纸板线和印刷开槽的首检、专检、操作记录和成品检验报告单。

记录是最重的质量控制信息源，要按控制程序规定的标识、贮存、保护、检索、保存期限、处置，到记录的建立、修改、废止、销毁、填写等要求进行运作。

17. 持续改进

对原材料在生产过程中出现的问题，要反馈给供应商以便及时改进，对机电设备和对生产过程中出现的各种问题，要及时制订对策与措施进行预防和整改。对新材料、新工艺、新技术、新方法要加以筛选引进和应用。

18. 测量分析和持续改进

在过程和产品监视测量控制方面，包括进货过程，最终检验，不合格品控制（不合格品控制从材料、成品出厂到交付后的不合格品，都要求有不合格记录），对产品降等使用，让步接收也要有收发记录。并用数据统计出不合格品分析造成的原因，对导致不合格的因素要彻底分析清楚，并制订措施。其信息来源可从企业的检验数据，市场外部的投诉、退货、供方信息、内部质量分析会等方面获得。对不合格品要严格按程序进行控制运作，发现不合格品要识别、隔离、评审、处理、改进。改进方式可针对顾客意见，从质量记录中查出的问题，制订纠正和预防措施。对制订的纠正措施实施后都要进行验证和评价。要注意：纠正措施不等于纠正，纠正措施就是对造成问题的原因进行分析清楚后，采取相应的办法来预防和杜绝。

在瓦楞纸箱的实际生产经营工作中不论问题大小，都不可避免会因人员、机器、材料、方法、环境等因素造成质量问题，针对这些问题都可用TQC方法开展活动（简称QC活动）。将问题设立成"现场型""攻关型""管理型""服务型""创新型"等类型的课题，利用检查表（或数据统计）、层别法、柏拉图、因果图、散布图、直方图、管制图开展攻关，就可有效找到解决问题的办法。

四、 开展 QC 活动

开展 QC 活动是解决各种质量问题的有效方法。

下面以某企业提高印刷质量，守住啤酒纸箱市场 QC 攻关为例进行介绍。

1. QC 小组简介

啤酒纸箱是该公司的一个大业务，最近啤酒公司将纸箱外观装潢进行了重新设计，提高了印刷图案的精细度，给该公司生产带来了一定的生产难度。

本 QC 小组，为解决啤酒纸箱印刷精细图案不清晰问题，组成专题攻关小组，其成员概况见表 9-2。

表 9-2　啤酒纸箱印刷质量 QC 攻关小组成员

姓名	性别	年龄	职务	文化程度	参加 QC 知识培训情况
汤×	男	48	技术部长	大专	培训合格
李×	男	40	技术员	大专	培训合格
彭×	男	39	印刷组长	高中	培训合格
刘×	女	30	排版工	高中	培训合格
孙×	女	38	质检员	高中	培训合格
刘×	男	34	生产部长	本科	培训合格

2. 课题选定理由

啤酒纸箱是该公司的一个主要大用户，每年该公司向其提供 80 万个纸箱，占该公司年生产计划的 10%，现有八家自动化纸箱生产企业同该公司争夺这一市场，同时啤酒厂也向该公司提出了以前从未提及且非常严格的印刷质量和外观质量要求，并明确表示，如不解决印刷质量问题就与该公司断绝业务往来。该公司如果失去这一市场，其年生产计划的完成将受到较大影响。

3. 活动目标

① 将该公司纸箱印刷质量和印刷水平推上一个新台阶；

② 确保该公司原有业务不丢失，并力求再争夺 6 万～15 万个纸箱业务。

4. 计划完成时间

当年 12 月至次年 2 月。

5. 现状调查

（1）外部调查　以往啤酒厂的纸箱仅由该公司和外地一家纸箱厂为其提供，而现在已有八家公司（都在质量和技术工艺改造上下工夫，均已提高产品质量和产品档次），同该公司拼命争夺这一大客户，由此导致啤酒厂在纸箱使用上有很大的选择余地。

（2）用户意见　啤酒厂向该公司提出该公司提供的商标图案及印刷唛头不清晰，钉针个别不均匀，并在价格上还要降价等诸多条件。归纳起来，结症在于纸箱外观质量必须进一步提高。

（3）内部鉴定情况

①商标图案的龙背上，细鳞片没有印清晰，不少都让野墨填死了；

②细线为 0.1mm 的外文字、汉字和细线条出现笔画断裂，箱面字体的漏空处又被墨填死；

③箱面本该留出空白的地方出现很多大小不等的野墨点；

④3cm² 的实底储运标志出现漏白花斑。

6. 印刷质量达不到要求的主要原因

（1）印刷版质量差

① 以往该公司都用的橡胶印刷版，制作比较粗糙，在字体图案的转角处容易含墨，造成糊版，同时还不易清洗，如果要求制作线条在 0.1～0.2mm 的线条，并达到效果均匀一致、整齐美观就有一定难度。

② 以往用的橡胶版硬度一般在 72°～77°，要在纸箱上印出很细的线条，其弹性就显得太差，且印刷版上的细线条在印刷过程中还很容易磨损变形。

③ 使用油墨印刷，橡胶版耐印性差、腐蚀严重，造成换版频率较高。

（2）纸箱所用原纸质量差

① 纸幅厚薄不均匀，表面太粗糙，致使低凹处不着墨，印出的唛头出现漏白花斑。

② 原纸色泽不均匀，色斑多引起箱面带野墨不清洁。

（3）设备故障　印刷机各墨辊间隙调整不当和不清洁，造成不着墨和纸箱印刷面野墨多。

具体原因见图 9-1。

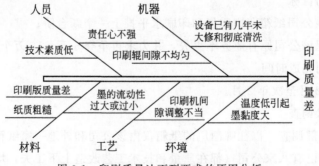

图 9-1　印刷质量达不到要求的原因分析

7. 对策表

该公司制定出的对策表见表 9-3

表 9-3 对策表

序号	项目	现状	目标	措施	负责人	完成时间
1	印刷版质量差	印刷质量不能满足工艺要求	满足工艺要求	更换老印刷版,选用新型树脂版	汤× 刘×	1月上旬
2	箱面原纸差	厚薄不均匀,且表面粗糙	杜绝不合格的原纸和纸板入库	对每一批入库原纸和流入印刷开槽的每一批纸板都必须进行检查	彭× 孙×	12月中旬
3	设备故障	间隙不佳,野墨多	确保设备检修合格	由生产部交设备科对印刷机进行一次大检修和调整	刘× 李×	12月底

8. 实施

该公司在分析完原因后,决定采取印刷版性能选择比较和印刷试验,重新对印刷版进行了选择;并严把箱面原纸质量关,同时采取清洗、调整、检修印刷开槽机等措施,具体如下。

①印刷版选用见表 9-4。

表 9-4 印刷版性能选择比较

产地	名称	制版方法	厚度/mm	硬度	回弹性	耐印性能	制作凸起图案高度/mm	0.1mm线条的制作深度/mm	能制作最细的凸起线条/mm	使用情况
武汉	普林太托树脂胶版	照相感光腐蚀	0.9	110度	差	差	0.6	0.1	0.5	版易损坏
湖北鄂川	美国杜邦树脂版	照相感光腐蚀	2.5	65度	好	好	1	0.08	0.9	极易糊版
北京	美国杜邦树脂版	照相感光腐蚀	2.5	65度	好	好	1.1	0.1	1	极易糊版
广州	美国杜邦树脂版	照相感光腐蚀	2.3	65度	好	好	1.2	0.12	0.2	不糊版,印刷效果好

在选择印刷版上,先后派人到北京、武汉、广州作了性能了解和摸底分

析，通过反复筛选认为，广州制作的印版其各项指标完全符合工艺要求，因此被确定下来。

② 挂版工艺改进试验比较见表 9-5。

表 9-5　挂版工艺改进试验比较

项目 印版	印版面积和粘贴方法	印版着墨情况	印刷成品效果
传统橡胶印刷版	纸箱每一面的印刷版是一块整体,并用免水胶带封贴印版边缘	细小线条及小孔,上机就被墨填住,免水胶带极易弹开,带野墨	印刷出的图案和纸箱箱面野墨多,并出现不少漏白花斑,图案轮廓不清晰
广州杜邦树脂版	将每一行字体和图案分成小块,同时将印刷版用广州版加弹性好的橡胶版垫高 3mm 印刷	所有图案和字体都着墨均匀无填塞现象	图案字体分明,轮廓清楚,箱面无野墨,基本上无印刷漏白斑现象

③ 箱面原纸入库把关。原纸入库实行车车检验，凡纸幅厚薄不均匀、表面粗糙、斑点较多的全部退货，或降价后用于其他低档品种的纸箱里子，从而保证了原纸质量满足工艺要求。

④ 清洗、调整、检修印刷开槽机。通过 12 月底对印刷机的大检修、大清洗和对各印刷墨辊间隙的调整，印刷版着墨不匀和印刷箱面野墨多的现象已经全部消失。

9. 效果

通过印刷版的最佳选择，挂版工艺改进，原纸入库控制、设备大修后，啤酒纸箱的商标图案及文字，着墨均匀、轮廓清晰、箱面整洁美观，受到顾客的高度评价，次年 3 月份以来该公司送去的纸箱未出现一次退货，反而连续要求追加发货，并追加了 20 多万个纸箱的计划合同。

10. 标准化

(1) 新工艺定型　印刷版用广州的杜邦感光腐蚀树脂版。同时将每行字体，每一个图案分割成小块，并用回弹性好的垫版海绵将其垫高 3mm，挂版粘贴封边用塑料免水胶带。

(2) 完善管理制度

① 原纸入库必须实行每车检验；

② 钉箱实行工号章制，杜绝不合格品往下流入合格品内。

11. 回顾体会与遗留问题

经过 2 个多月的紧张奋斗，不但保住了啤酒箱这个大客户，同时还拓展了新业务，提高了信誉及知名度。

在工艺技术水平方面也上了一个台阶，现在不仅能在粗糙的纸箱产品上印出大块面积和粗线条的唛头，而且要求相当清晰精细的唛头也能满足用户要求，今后还有待进一步解决的问题是印刷版垫高（厚度）的均匀性。

第二节　纸箱生产过程质量控制

纸箱生产过程的质量控制，从材料入厂、半成品加工到成品出厂的每一个重要环节都要有控制措施。目的是严格控制原辅材料入厂与成品质量，为顾客制作出满意的产品。

一、检验仪器及设备

纸箱生产过程质量检验所用基本仪器包括原纸、瓦楞纸板、瓦楞纸箱和主要辅料质量控制等部分检测仪器，如地中衡、磅秤、边压（环压、黏合）强度检测仪与取样器、抗压仪、耐破仪、耐折仪、戳穿仪、天平、水分计、卷尺、钢尺、波美计、涂-4 杯、秒表等。

二、原纸检验

原辅材料检验，分物理力学性能检验、外观质量检验与形式检查。生产瓦楞纸箱的主要原材料是原纸，其次是部分辅料。

（一）原纸的物理性能检验

生产瓦楞纸箱的原纸，对物理性能指标要进行严格控制，如定量、环压指数、水分、耐破指数、抗张强度、厚度、耐折度、吸水性、施胶度、撕裂度、白板纸的白度等。

1. 原纸定量检测方法

（1）使用的仪器与工具

① 天平，灵敏度为 0.1g。或用电子秤称量一定面积的一张纸，在电子显示屏上可直接读得试样实际定量（g）。

② 取样器，用于切取一定尺寸的纸或纸板，要求尺寸精度为 0.01mm。

③ 标准样板，为了方便和快速取样，可使用标准取样器或用一定面积的模板取样，如 100mm × 100mm，或 250mm × 250mm，要求尺寸精度为 0.01mm。

（2）测定方法　将五张样品沿纸幅纵向叠成五层，然后沿横向均匀切取精度为 0.01m^2 的试样两叠，共 10 片试样用天平称量。

宽度在 100mm 以下的盘纸，应按卷盘全宽切取五条长 300mm 的纸条，一并称量，测量所称量纸条的长边与短边，分别准确到 0.5mm 和 0.1mm。

如切样设备不能满足精度要求，则应测定每一试样的尺寸（应采用精度为 0.02mm 的游标卡尺进行测量），并计算出测量面积。

试样定量 G，以 g/m^2 表示。

$$G = M \times 10$$

式中　M——10 片 $0.01m^2$ 试样的总质量，g。

横幅定量差 S 按以下公式计算，以%或 g/m^2 表示。

$$S_1(\%) = (G_{max} - G_{min})/G \times 100$$

或 $S_2 = (G_{max} - G_{min})$

式中　S_1——横幅定量差，%；

　　　S_2——绝对横幅定量差，g/m^2；

　　　G_{max}——试样定量的最大值，g/m^2；

　　　G_{min}——试样定量的最小值，g/m^2；

　　　G——试样定量的平均值，g/m^2。

2. 纸和纸板环压强度检测方法

环压强度：环形试样边缘受压直至压溃时所能承受的最大压缩力，以 kN/m 表示。

环压强度指数：平均环压强度除以定量为环压强度指数，以 $N \cdot m/g$ 表示。

（1）取样与处理　按《纸和纸板 试样的采取及试样纵横向、正反面的测定》（GB/T 450）的规定取样。对试样按《纸、纸板和纸浆试样处理和试验的标准大气条件》（GB/T 10739）的规定进行处理并在该条件下进行试验。

从处理后的纸样上严格按纵向切取长 152.0mm±0.2mm、宽 12.70mm±0.1mm 的试样。纵横向至少各切 10 片，切片边缘不许有毛边或影响测定结果的其他缺陷。试样长边垂直于纵向的试样，用于测定纵向环压强度，试样长边平行于纵向的试样，用于测定横向环压强度，试样两长边的平行度误差不大于 0.015mm。

（2）试验步骤　试验中均需用戴手套的手接触试样。首先测定试样厚度，根据试样厚度选择试样座的内盘。小心地把试样插入试样座，并确保插到底部。

把试样座放在下压板中间位置，同时试样环开口朝向操作者。然后开动仪器，使试样受压直至压溃。固定板电子式仪器直接读取压力值，精确到 1N，弯梁式仪器读取弹簧板的最大变形量，精确至 0.01mm，然后从弹簧板的应力-应变曲线上查出压溃试样所需的力，精确至 1N，纵横每个方向至少重复测定 10 片试样，同时每个方向均 5 片试样正面朝外，5 片试样反面朝外弯成环形测试。

（3）结果计算　分别计算纵横向力的平均值 F（N）。

环压强度：按下式计算环压强度。

$$R = \frac{F}{152}$$

式中　R——环压强度，kN/m；

　　　F——试样压溃时读取的力值，N；

　　152——试样长度，mm。

报告平均环压强度 R，精确至 0.01kN/m。

环压强度指数：如需要可按下式计算环压强度指数，精确至 0.1N·m/g。

$$R_d = \frac{1000R}{W}$$

式中　R_d——环压强度指数，N·m/g；

　　　R——环压强度，kN/m；

　　　W——定量，g/m²。

3. 纸和纸板水分的测定

目前检测纸和纸板水分常用的有以下两种方法。

① 用电子探头式水分检测仪，在原纸表面测定后直接读出原纸的含水率（此方法一般用于生产现场使用）。

② 干湿减重法（此方法为国家标准规定的水分测定方法）。

干湿减重法所用的仪器有感量为 0.001g 的天平、铝盒或称量瓶、干燥器、可以控制在 100~105℃ 的恒温烘箱。

将装有试样的容器，放入能使温度保持在 105℃±2℃ 的烘箱中烘干。烘干时，可将容器的盖子打开，也可将试样取出来摊开，但试样和容器应在同一烘箱中同时烘干。

注意，当烘干试样时，应保证烘箱中不放入其他试样。

当试样已完全烘干时，应迅速将试样放入容器中并盖好盖子，然后将容器放入干燥器中冷却，冷却时间可根据不同的容器估计出来，将容器的盖子打开并马上盖上，以使容器内外的空气压力相等，然后称量装有试样的容器，并计算出干燥试样的质量，重复上述操作，其烘干时间应至少为第 1 次烘干时间的一半，当连续完成 2 次在规定的时间间隔下，称量的差值不大于烘干前试样质量的 0.1% 时，即可认为试样已达恒重，对于纸张试样，第 1 次烘干时间应不少于 2h。

水分 X（％）应按以下公式进行计算。

$$X = \frac{m_1 - m_2}{m_1} \times 100\text{ ％}$$

式中　X——水分，％；

　　m_1——烘干前的试样质量，g；

　　m_2——烘干后的试样质量，g。

同时进行 2 次测定，取其算术平均值作为测定结果，测定结果应修约至小数点后第一位，且两次测定值间的绝对误差应不超过 0.4。

4. 纸的耐破强度检测方法

试验原理：将试样放置于弹性胶膜上，紧紧夹住试样周边，使之与胶膜一起自由凸起，当液压流体以稳定速率泵入，使胶膜凸起直至试样破裂时，所施加的最大压力即为试样耐破度。

试样的采取和制备：试样的采取按 GB/T 450 进行，每个试样应切成 70mm×70mm，按 GB/T 10739 进行温湿处理。

试验步骤：如果压力量程可以选择，应选用最合适的测量范围，若需要可用最大量程进行预测，调整夹持系统，使压力能够防止试样滑动，但不应超过 1200kPa。升起上夹盘，将试样覆盖于整个夹盘面积，然后给试样施加足够的夹持力。

如果需要，应按照仪器手册调节液压显示装置的零点，然后施加液压压力，直至试样破裂，退回活塞，使胶膜低于胶膜夹盘的平面，读取耐破压力指示值，精确至 1kPa，然后松开夹盘，准备下一次试验，当试样有明显滑动时（试样滑出夹盘或在夹持面积内起了皱褶），应将该数舍去，如有疑问，应用一个较大试样迅速确定试样是否产生滑动，如果破裂形式（如在测量面积周边处断裂）表明因夹持力过高或在夹持时夹盘转动致使试样损伤，则应舍弃此试验数据。

若未要求分别报告试样正反面的试验结果，应测试 20 个有效数据，如果要求分别报告试样正反面的测试结果，则应每面至少测得 10 个有效数据。

结果的表示：平均耐破度 p，以 kPa 表示。

耐破指数以 kPa·m²/g 表示，由下式计算得出。

$$x = p/g$$

式中　x——耐破指数；

　　p——耐破度平均值，kPa；

　　g——试样定量，g/m²。

耐破指数应精确至三位有效数字。

(二) 原纸外观质量检验

原纸外观质量不好,对瓦楞纸箱、纸盒的印刷产品的外观、生产工艺过程控制都有严重影响,把好原纸外观质量关,是一个不可忽视的重要环节。尤其是在高速瓦楞纸板线的生产现场,因原纸外观质量造成的质量问题,会直接造成原纸浪费,产品质量毛病增多。因自动线是高速生产,这就要求有针对性地对相关质量毛病采取措施进行处理,防止批量性质量问题和不合格品继续出现,因此需要有快速判断原纸质量好坏的方法。以下简要介绍快速对现场原纸外观质量进行有效检验的方法和技巧。

原纸的外观质量快速检验,是凭人的触觉和感觉来检查、判断原纸的外观性能状态和使用要求。针对原纸的不同外观纸病,可通过眼看、手摸、简单测量的方法进行快速检查和判断。用肉眼直接观察原纸表面形态、状况方面的纸病,是最直接、最方便、最常用的手段,这类检查判定的方法适合于生产现场应用。检查在室内普通光线照射下进行,将原纸平铺在桌面上,直接检查原纸有无湿巴、裂口、孔眼、折痕、皱纹、斑点、破洞、褶子、脏点、尘埃、浆块、草节、油污、杂质、刀口毛刺,纸面颜色(如每批箱纸板、茶板纸、白板纸的颜色)是否一致,纸幅是否平整,挂面层是否漏底等纸病。观察时眼睛要距纸面30cm左右,目光正对纸面平看,不要在太阳光直接照射或强烈灯光与有色灯下进行直观检查。对卷筒纸两端是否有破边、薄边、锯齿边、荷叶边、卷筒纸表面是否被挂破、卷筒纸是否被摔扁,以及原纸的定量、规格、生产厂家、出厂日期等标识是否完整和清楚等内容进行目视检查。

(1) 透光检查　透光检查的方法是将原纸放在人与灯光之间,让光线透过纸幅,用肉眼观察原纸是否抄造均匀,厚薄是否一致,有无透明点、孔眼、鱼磷斑等抄造上的缺陷。

(2) 侧光检视　侧光检视可以方便地查出平看或透光检查难以查出的纸病。方法是将原纸摆放成与进入眼睛的光线成25°~35°的夹角,查看原纸表面的质量状态,如对原纸的毛布条痕、纸面是否起毛、纸面平整情况、纸的纤维方向(尤其是瓦楞原纸、箱纸板、茶板纸、牛皮卡纸的纵向和横向比较)有较好的效果。

(3) 用手摸检查　用手摸检查肉眼难以发现的隐藏纸病。像夹杂在箱纸板、挂面纸、瓦楞原纸内的细小砂粒、填料、透明塑料等,这些毛病会造成瓦楞辊和纵横切刀、分纸压线刀的快速磨损,另外像箱纸板和挂面纸表面起毛、掉粉会造成纸箱印刷时糊版、带野墨,这些夹杂在原纸内的砂粒、杂质和原纸表面掉粉、起毛等纸病用肉眼很难发现，通过用手的触摸就会很快发现这些毛病。实践经验丰富者，通过手摸还可很快摸出原纸的大概定量、厚度和原纸的含水率范围。

（4）用手撕判断　用手撕来判断原纸的纵横方向非常直观而且便捷，此方法主用于平板纸的鉴别。沿着纸边缘的垂直方向，用手将纸样分别撕破，就可很快得知平板纸的纵横丝流方向。当纸是横向被撕破时，破损口呈不规则的扭曲 S 形；当纸纵向被撕破时，破损口相对比较平直且呈线形状态。

（5）用卷尺测量　用卷尺测量卷筒纸的幅宽、平板纸的长宽规格尺寸以及对角线的方正度，将纸幅边线对齐折叠可较快地检查出平板纸的偏斜度。

（三）样品的保存

除了用上述检查判定方法进行快速检测之外，另外需将检测后的结果留下相应的样本。留样的目的是为以后评定原纸质量提供最原始的证据和对有问题的原纸进行处理时提供有效的依据，还可促使供应商日后加强质量控制，改进原纸生产质量。如果事先没有发现原纸内的问题，当原纸已投入实际生产造成了问题，也可依据有问题的实物样品向原纸供应商提出索赔。当然更主要的还是通过这样的记录来判断众多供应商中，哪些原纸供应商提供的原纸是优质、价廉的。为了方便样品的保存和取用，应对入厂原纸样品分门别类地进行编号，编号可按品种、入厂年月日和入厂批次进行编制，以便于日后查找、核对和使用。

原纸检验样品应放在阴凉、干燥的纸箱内保管，以防潮湿、灰尘和强光对样品造成损坏，其保存时间一般可在半年左右，应该在这个时间段内对进厂的原纸采取先进先用的管理方式。

原纸外观质量进行检验后，必须留有检验记录，其内容包括原纸的生产厂家，具体的原纸品名、规格、定量、生产日期与生产班次，检出的主要外观质量问题与数量。原纸检验记录要求字体填写工整，记录真实准确可靠，原纸检验记录一般要求保存 2~3 年，可用于质量认证审核。对过期记录可进行销毁。

三、　辅料检验

（一）水墨检验

水墨对一般纸箱生产企业而言，都缺少相应的专业检验仪器，多数只作外观形式检验，其水墨检验项目见表 9-6。

表 9-6　纸箱水墨检验项目

项目	检验标准
色泽	采样水墨应核对色板,并涂于平纸板上,以便鉴别色差
外观	水墨应调拌成均匀状,不得有沉淀、结块、成粒或结皮现象
黏度	用涂-4 杯测试黏度,快干水墨为 25s±10s,慢干水墨为 40s±20s
水墨固含量	≥45%±5%
细度	水墨细度 10～20μm

（1）水墨性能要求

① 水墨应能均匀地涂布于表面纸板上，不得有结块、露白等情形。

② 水墨干燥后，不得有裂痕现象。

③ 水墨于密封器内静置 21 天，不得有起皮、结块、颜色分离现象。

④ 水墨印刷后 1min，用手指刮色不得有脱色现象。

⑤ 干燥时间，水墨在印刷后 10s 即达外表干燥，48h 后完全干燥。

⑥ 水墨印刷要美观、耐用，且手指反复触摸检验水墨表面在纸板上的耐磨性，并用滴管滴水于印刷图案上，检查其耐水性。

（2）包装　水墨包装用塑料桶（或铁制桶内涂上瓷漆防生锈）装，桶外加贴厂商及规格、颜色标识、有效期限（有效期限不低于 12 个月）。

（3）柔印水性油墨的包装、储存、搬运要求

① 包装容器及其标识：用塑料桶密封包装水墨已能满足要求，包装要防止水墨中的氨与醇类物质挥发，防止水墨中落入灰尘，导致水墨性能不稳定。另外对每一件水墨的型号、包装质量、出厂日期、有效期、生产厂家与联系方式应进行标注和说明。

② 搬运、储存与保管要求：轻装、轻卸，防止包装及容器损坏，密封存放于干燥、阴凉处。水墨放置时间久了，有些稳定性差的水墨容易沉淀、分层，还有出现假稠现象。这时，可充分搅拌后再用，在使用新鲜水墨时，一定要提前搅拌均匀，再用稀释剂作稀释调整。

③ 检查验收规则：对每一批水墨要实施抽查检验。

④ 检验用工具及仪器：手动展色轮、标准色样板、涂-4 杯、pH 值计、化学试剂、摩擦试验机。

（二）镀锌、镀铜低碳钢扁丝检验规则

镀锌、镀铜低碳钢扁丝质量检验分为逐批检验和周期检验。逐批检验的抽样方案和检查判定规则。每批产品出厂前，都应按标准规定的项目进行检验，检验抽样方法应符合 GB 2828 的规定。

检验采用特殊检查水平 S-3 正常检查一次抽样方案，不合格类别、检验项目、合格质量水平（AQL）按表 9-7 规定（以盘为单位）。

表 9-7　镀锌、镀铜低碳钢扁丝检验判定规则

不合格类别	检验项目	检验要求	AQL[①]
B	规格、偏差	扁丝规格与极限偏差应符合以下规定： 　16 号扁丝规格(2.20×0.80)mm，宽度 2.20(极限偏差＋0.08，－0.10)mm，厚度(0.8±0.03)mm 　18 号扁丝规格(1.85×0.60)mm，宽度 1.85(极限偏差＋0.05，－0.10)mm，厚度(0.6±0.03)mm 　20 号扁丝规格(1.05×0.60)mm，宽度 1.05(极限偏差＋0.05，－0.10)mm，厚度(0.6±0.03)mm	6.5
	抗拉强度	抗拉强度不得低于 450N/mm²	
	弯曲次数	弯曲次数不得低于 6 次	
C	外急弯焊头	表面应呈基本一致的金属光泽，不得有裂纹、锈点、露底、明显划痕等缺陷 在扁丝宽度方向上不允许有急弯现象，每盘扁丝应排列整齐由一根丝绕成，允许焊接一处，焊接处应平整，该处检验时不作为判别不合格的依据	10
	弯曲度	在 1m 长度内，扁丝宽度方向上不得有超过 50mm 的弯曲	
	重量	每盘扁丝质量应为(2.5±0.3)kg，以 10 盘为一箱，每箱允许有一盘质量不低于 1.5kg 的小盘，每箱净重不得低于 25kg	
	外形尺寸	每盘扁丝捆扎内径为 $\phi(68\pm2)$mm，厚度不得低于 34mm	

① AQL 为接收质量限。

每批抽查 2 箱均应符合要求，周期检验应符合《周期检验计数抽样程序及表》（GB 2829）的规定。在产品连续批量生产条件下，每半年应进行 1 次周期检验。周期检验采用判别水平 Ⅱ 的一次抽样方案、检验项目、检验条款、判别数组、样本数和不合格质量水平（RQL）按表 9-8 规定。

表 9-8　耐腐蚀性能检验

检验项目	检验方法	Ac	Re	样本数	RQL
耐腐蚀性能	镀锌丝 2h、镀铜丝 1.5h，中性盐雾试验基体金属不得有锈点	1	2	5	65

注：表中 Ac 代表接收数；Re 代表拒收数；RQL 代表不合格质量水平。

包装，每盘扁丝应用镀锌或镀铜钢丝均等捆扎 2 处以上，每盘扁丝应有防潮措施，每 10 盘为一箱，每箱应附有合格证，包装箱应捆扎牢固，产品在运输和仓储过程中应轻放、防潮、避免化学品腐蚀。

（三）玉米淀粉（GB 12309）验收规则

1. 检验规则

同一生产日期、同一批号的淀粉，为同一批次产品，应有产品质量检验合格证。

收货方收货时，有权从该产品中抽取样品，按《玉米淀粉》（GB 12309）标准规定，对（收货）企业所需质量指标进行检验。如按要求指标检验有一项指标不符合标准要求，应再从同批样品中取加倍数量的样品复验，以复验结果为准。若仍不符合标准要求，应向供货方提出退货或双方协商处理。其样品及检验费用由供货方负责。

产品的标签标志按《预包装食品标签通则》（GB 7718）执行，并明确标出淀粉产品标准等级代号，外包装上的文字内容与图示应符合《包装储运图示标志》（GB 191）标准。

2. 包装

产品的包装必须袋质结实，标签清晰整洁，袋口密封，能保证在装卸、运输和贮存过程中无破漏现象。

袋装淀粉质量 50kg 以下，允许公差为 $\pm0.3\%$；50kg 以上，允许公差为 $\pm0.2\%$。

3. 运输

运输设备要洁净卫生，无其他强烈刺激味。运输时，必须用篷布遮盖，不得受潮。在整个运输过程中要保持干燥、清洁，不得与有毒、有害、有腐蚀性物品混装、混运，避免日晒和雨淋。装卸时，应轻拿轻放，严禁直接钩、扎包装袋。

4. 贮存

存放地点应保持清洁、通风、干燥、阴凉，严防日晒、雨淋，严禁火种。不得与有毒、有害、有腐蚀性和含有异味的物品堆放在一起。产品包装袋应堆放在离地 100 mm 以上的垫板上，堆垛四周应离墙壁 500 mm 以上，垛间应留有 600mm 以上的通道。

（四）氧化聚乙烯防潮剂（GB/W2223-87）验收规则

1. 质量要求

氧化聚乙烯防潮剂的质量要求见表 9-9。

表 9-9 氧化聚乙烯防潮剂质量要求

项目	技术要求	判定
外观	棕色或淡黄色液体	出现凝固或发黑霉变为废品
黏度（涂-4 杯）	≤40	
表面干燥时间	≤15min	≥15min 未干降为次品，≥20min 为废品
光泽	≥0	
防潮性能	≥2h	低于 2h 为废品

2. 试验方法

(1) 外观测定　用目测。

(2) 黏度的测定　按《涂料黏度测定法》(GB1723) 中涂-4 杯黏度计法的规定进行。

(3) 表面干燥时间测定

① 材料与仪器设备：烧杯 500mL 一个、纸样 100mm×100mm 若干、秒表一块、温度计 0～50℃ 一支、细羊毛刷一把、干燥器一个（质量为 200g，底面积 1cm²）。

② 实验步骤：取试样 200mL 置于烧杯中，将试样调温至 25℃±1℃，将细羊毛刷浸入调温好的试样中，蘸少许在纸样上均匀涂刷一遍，放在玻璃板上，同时开始计算时间，每隔 5min 或 15min，在距膜边缘不小于 1cm 的范围内，在纸样上放一片预先剪去一角的未涂膜纸样，再轻轻放入干燥试验器，同时启动秒表记录 30min，移去干燥试验器，将纸样翻转（膜面向下）未涂膜纸样能自由落下，或在背面用食指轻轻敲几下涂膜纸样，能自由落下即认为试样干燥。平行试验 3 次，如果两次结果符合要求，即认为试样干燥。

(4) 光泽度的测定　参照《漆膜光泽测定法》(GB 1643) 的规定进行测定。

(5) 防潮性能的测定　材料与仪器包括 50mL 滴定管一支、滴定管架 1 台、45°倾斜面检测板 1 个、计时秒表一块、500mL 烧杯一个。

用羊毛刷蘸取试样少许，在干燥的纸样上均匀地刷上试样，2h 后，将纸样钉在检测板上，将装好清水的滴定管调至距纸样 20cm 高度处，调至 5s 左右 1 滴的速度，滴于纸样上，同时开始计时，每隔 30min 观察 1 次有无渗透，若达 2h 无水渗透即认为防潮剂性能合格。

(6) 检验规则　产品生产厂应按《W-84 纸箱上光防潮剂》逐条检验，每批产品均由质检部门检验合格后签发合格证。

以一次交货数量为一批，若有一项指标不符合本标准时，应加倍取样复检，复检不合格，则该批产品为不合格。

(7) 包装、标志、贮存、运输和有效期　产品采用铁桶或塑料桶包装，每桶净重 200kg。

包装桶应贴有生产厂名、产品名称、出厂日期、批号、有效期、净重及标准编号等内容。

产品应存放在干燥通风的仓库内，应密闭保存，防止蒸发、日晒、雨淋，最低存放温度为零度以上。

在运输装卸时要轻装、轻放，不宜倒置。

产品在 0～40℃下有效期为 6 个月。

（五）包装用聚酯捆扎带（GB/T 22344）验收规则

1. 外观

在无阳光直射的室内环境中目测和手感检查。

卷宽以分度值不大于 1mm 的钢尺在卷的圆柱表面测量，在正交的直径方向测量 4 点，取算术平均值并修约至整数作为测量结果。长度按包装明示值检查每卷长度值（m）。

规格尺寸及其允许偏差：在每个样带上截取长 1000mm 的试样，共 5 个（试样进行宽度和厚度测量），以精度为 0.01mm 的千分尺在每个试样上三等分的两个中间位置上测量（两组）宽度和厚度，得各 10 个数据（测量时不应使试样承受压力而明显改变所测量的尺寸），取算术平均值并将宽度修约至小数点后一位，厚度修约到小数点后两位作为测量结果。

卷宽以分度值不大于 1mm 的钢尺在卷的圆柱表面测量，在正交的直径方向测量 4 点，取算术平均值并修约至整数作为测量结果。

镰刀弯：在 5 个样带上分别截取长 2000mm 的试样各 1 个，两端切口应垂直于试样长轴，将试样自由平放在平板或平整的台面上，以有机玻璃板压在并微露出两端切口，以平放的 2m 钢尺或拉线接触两端切口的直角处，以 300mm 钢直尺测量与 2m 钢尺或拉线间的最大拱曲距离，即镰刀弯，以 5 个试样测量值的最大值作为测量结果。

2. 力学性能

（1）拉断力和拉伸断裂应变　试样长度按标距和专用夹具尺寸确定，直接在样带上截取所需长度的捆扎带作为试样，有效试样的数量为 5 个。

试验按《塑料拉伸性能的测定第 3 部分》（GB/T 1040.3）进行，试样的标距为 100mm，试验速度为 100mm/min±10mm/min。直接在负荷指标装置上读取拉断力。

按引伸计或记录仪或类似测量装置测定试样标距的伸长量，并计算以百分数表示的拉伸断裂应变。

拉伸断裂应变取两位有效数字，拉断力修约至十位数，断在标距以内且无（按引伸计或记录仪或类似测量装置测定试样距离的伸长量，并计算以百分数表示的拉伸断裂应变）试验缺陷的试样为有效试样，拉断力和拉伸断裂应变以 5 个有效试样的算术平均值作为试验结果。

当试样在夹具内出现滑移或在距任一夹具 10mm 以内断裂，或由于明显缺陷导致过早破坏时，由此试样得到的数据不应用来分析结果，应另取试样重新试验。

当试样在夹具内出现滑移或在标距外断裂，或由于明显缺陷导致过早破坏时，该试样为无效试样，应另取试样重新试验。

（2）接头强度　除不测定伸长量外，接头强度按"拉断力和拉伸断裂应变"同样步骤和方法测定，试验中就保持接头在试样中部，直接从负荷指示装置上读取接头拉脱时的拉伸负荷值，并按"拉断力和拉伸断裂应变"测定的拉断力计算，以拉断力的百分数表示的接头强度。

试验的有效试样数量为 5 个，以 5 个试样的算术平均值作为试验结果，取两位有效数字。

捆扎带应有合格证，合格证上应标注制造厂名，产品名称、色别、规格及强度等级，生产日期，每卷长度，检验合格标记。

四、 半成品、 成品检验与标识

（一）半成品检验

瓦楞纸板以一次性生产完毕的数量为一批，产品单位为张。

抽样方案按 GB/T 2828.1 规定进行，样本单位为张，接收质量限（AQL），耐破强度、边压强度的 AQL 为 4.0；黏合强度、厚度、交货水分、长度、宽度、外观质量的 AQL 为 6.5。采用检验水平为特殊检验水平S-2 的正常检验二次抽样，其检验抽样方案见表 9-10

表 9-10　瓦楞纸板检验抽样方案

批量/张	特殊检验水平为 S-2 的正常检验二次抽样方案				
	样本量	AQL=4.0		AQL=6.0	
		Ac	Re	Ac	Re
≤150	3	0	1	—	—
	2	—	—	0	1
151～1200	3	0	1	—	—
	5	—	—	0	2
	5(10)	—	—	1	2
1201～3500	8	0	2	—	—
	8(16)	1	2	—	—
	5	—	—	0	2
	5(10)	—	—	1	2
＞3500	8	0	2	0	3
	8(16)	1	2	3	4

注：表中 AQL 代表接收质量限；Ac 代表接收数；Re 代表拒收数。

可接收性的确定，第一次检验的样品数量应等于表 9-10 给出的第一样本量，在第一样本量中发现的不合格品数量小于或等于第一接收数量，该批为合格品。如果第一样本中发现的不合格数大于或等于第一拒收数，则该批为不合格品。如果第一样本中的不合格品数介于第一接收数与第一拒收数之间，应按第二样本量进行第二次抽样检验，并将第二次与第一次检出的不合格品数相加；如果不合格品累计数小于或等于表 9-10 规定的第二接收数，该批产品为合格品；如果不合格品累计数大于或等于表 9-10 规定的第二拒收数，则该批产品为不合格品。

1. 瓦楞纸板外观质量检验

（1）纸板线生产的瓦楞纸板外观质量检查重点

① 材质、楞型是否与生产工艺单要求一致；

② 纸板规格是否与生产工艺单要求一致；

③ 压线尺寸、方式是否与生产工艺单要求一致；

④ 是否有露瓦、脱胶、假粘、有明显排骨痕、塌楞、褶皱、气泡、纵切和横切切不断、破损、脏污、翘曲等现象；

⑤ 瓦楞纸板纵切规格尺寸误差应小于±1mm，横切规格尺寸误差应小于±3mm，需分纸压线的，尺寸误差应小于±1mm，压线深浅适当。不得有破裂，裁切刀口光洁无毛刺。

（2）分纸压线工序外观质量检查重点

① 材质、楞型是否与生产工艺单要求一致；

② 纸板规格是否与生产工艺单要求一致；

③ 压线尺寸、方式是否与生产工艺单要求一致；

④ 瓦楞纸板是否有露瓦、脱胶、面纸出现明显排骨痕、塌楞、褶皱、气泡、毛刺过多、刀口裂损宽度大于 8mm、表面脏污、翘曲等现象；

⑤ 分纸压线尺寸符合"施工单要求"；摇盖尺寸误差≤±1mm；

⑥ 要求纸板方正，不歪斜，对角线之差≤10mm。

（3）印刷开槽外观质量的检查重点

① 生产工艺应与样箱、唛头、墨稿、图纸所要求的内容一致；

② 材质、楞型与样箱、生产工艺单要求一致；

③ 纸板尺寸、压线方式与样箱、生产工艺单一致；

④ 纸箱生产尺寸与生产施工单、样箱、唛稿图纸要求一致；

⑤ 印刷版面内与样箱或唛稿、图纸一致；

⑥ 印刷、开槽位与生产施工单、样箱或唛稿、图纸的要求一致；

⑦ 瓦楞纸板面纸的颜色应与样箱面纸的颜色相近，不能出现明显的色差；印刷出墨的颜色应符合样箱要求，无明显色差；

⑧ 无脱胶、露瓦、假粘、破损、脏污、塌楞、翘曲或明显的排骨痕等

质量毛病。印刷图案文字无漏白、重影、塞网、脱墨、掉色、脏污，文字线条清晰，印刷版面着色均匀，无明显色差等。

（4）瓦楞纸板模切工序外观质量检查重点

① 生产施工单是否与唛稿、图纸一致；

② 模切后的纸箱尺寸是否与生产施工单和模切图纸一致；

③ 模切刀口是否光洁无毛；

④ 压痕线是否清晰、易折、无破裂等。

2. 瓦楞纸板物理性能指标检验

瓦楞纸板物理性能指标主要有边压强度、耐破强度、黏合强度、戳穿强度、厚度、水分。

（1）边压强度检验（GB/6546）

① 试验原理　边压强度试验机矩形的瓦楞纸板试样置于压缩试验仪的两压板之间，并使试样的瓦楞方向垂直于压缩试验仪的两压板，然后对试样施加压力，直至试样压溃为止。测定每一试样所能承受的最大压力。

② 试验仪器

a. 固定压板式电子压缩试验仪　该压缩仪是采用一块固定压板和另一块直接刚性驱动压板操作的，动压板的移动速度为（12.5±2.5）mm/min。压板尺寸应满足试样的选定尺寸，使试样不致超出压板之外，压板还应满足，边压强度试验机压板的平行度偏差不大于 1：1000；边压强度试验机横向窜动不超过 0.05mm。

b. 弯曲梁式压缩仪　该压缩仪是根据梁弯曲的工作原理，对上下压板的要求与固定压板式电子压缩仪相同。测试时，压溃瞬间的刻度应在仪器可能测量的挠度量程的 20%～80% 范围内；当压板开始接触到试样时，压板压力增加的速度应为（67±13）N/s。

使用该种仪器试验时应在报告中注明，并不得用于仲裁检验。

c. 切样装置　边压强度试验机可以使用带锯或刀子，也可使用模具准备试样，但必须切出光滑、笔直且垂直于纸板表面的边缘。

d. 导块　两块打磨平滑的长方形金属块，其截面大小为 20mm×20mm，长度小于 100mm；导块用于支持试样，并使试样垂直于压板。

③ 试样的采取和处理　边压强度试验机试样的采取按 GB 450 的规定进行。

边压强度试验机试样应按《纸、纸板和纸浆试样处理和试验的标准大气条件》（GB 10739）的规定进行温湿处理。

④ 试样的制备　切取瓦楞方向为短边的矩形试样，其尺寸为（25±

0.5) mm×（100±0.5）mm。试样上不得有压痕、印刷痕迹和损坏。除非经双方同意，至少需切取 10 个试样。

⑤ 试验步骤 边压强度试验要在《纸、纸板和纸浆试样处理和试验的标准大气条件》规定的大气条件下进行裁样和试验。

将试样置于压板的正中，使试样的短边垂直于两压板，再用导块支持试样，使之端面与两压板之间垂直，两导块彼此平行且垂直于试样的表面。

开动试验仪，施加压力。当加压接近 50N 时移开导块，直至试样压溃。记录试样所能承受的最大压力，精确至 1N。

按上述步骤测试剩余的试样。

⑥ 结果计算 垂直边缘抗压强度按下述公式进行计算，以 N/m 表示。

$$R = \frac{F \times 10^3}{L}$$

式中 R——垂直边缘抗压强度，N/m；

F——最大压力，N；

L——试样长边的尺寸，mm。

以试验结果的算术平均值作为测试结果。

（2）耐破强度的测定方法（GB/T 6545）

① 试验原理 将试样置于胶膜上，用试样夹夹紧，然后均匀地施加压力，使试样与胶膜一起自由凸起，直至试样破裂为止。试样耐破度是施加液压的最大值。

② 试验仪器 上夹盘直径（31.5±0.5）mm，下夹盘孔直径（31.5±0.5）mm。上下夹环应同心，其最大误差不得大于 0.25mm。两夹环彼此平行且平整，测定时接触面受力均匀。

测定时为防止试样滑动，试样夹盘应具有不低于 690kPa 的夹持力。但这样的压力一般会使试样的瓦楞压塌，应在报告中注明。

胶膜是圆形的，由弹性材料组成。胶膜被牢固地夹持着，它的上表面比下夹环的顶面约低 5.5mm。胶膜材料和结构应使胶膜凸出下夹盘的高度与弹性阻力相适应，即凸出高度为 10mm 时，其阻力范围为 170～220kPa；凸出 18mm 时，其阻力范围为 250～350kPa。

③ 试样的采取和处理 试样的采取按 GB 450 的规定进行。试样应按 GB 10739 的规定进行温湿处理。

④ 试样的制备 试样面积必须比耐破度测定仪的夹盘大，试样不得有水印、折痕或明显的损伤。在试验中不得使用曾被夹盘压过的试样。

⑤ 试验步骤 在《纸、纸板和纸浆试样处理和试验的标准大气条件》

规定的大气条件下进行裁样和试验。开启试样的夹盘，将试样夹紧在两试样夹盘的中间，然后开动测定仪，以（170±15）mL/min 的速度逐渐增加压力。在试样爆破时，读取压力表上指示的数值。然后松开夹盘，使读数指针退回到开始位置。当试样有明显滑动时应将数据舍弃。

⑥ 结果表示　以正反面各 10 个贴向胶膜的试样进行测定，以所有测定值的算术平均值（kPa）表示，保留三位有效数字。

（3）黏合强度检验方法

① 原理　将针形附件（剥离架）插入试样的楞纸和面（里）纸之间（或楞纸和中纸之间），然后对插有试样的针形附件（剥离架）施压，使其做相对运动，测定其被分离部分分开所需的最大力。

② 裁样装置　可使用电动、气动或手动的制样刀，但试样切边应整齐，并与瓦楞纸板面垂直。

剥离架是由上部分附件和下部分附件组成的，是对试样各黏合部分施加均匀压力的装置。每部分附件由等距插入瓦楞纸板楞间空隙的针式件和支撑件组成，见图 9-2。

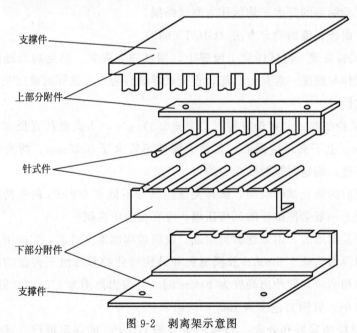

图 9-2　剥离架示意图

支撑件支架顶端应具有支撑支持针及压力针的等距小孔或凹槽，针式件和支撑的平行度偏差应小于 1%。

按照试样楞型的不同，选用符合表 9-11 规定的适当插针，其他楞型可选择与楞型匹配的插针直径和针数。

表 9-11　A、C、B、E 楞型插针要求

项目		A楞	C楞	B楞	E楞
上部分附件压力针	针数/支	4	4	6	6
	针的有效长度/mm	30±1			
	针的直径/mm	3.5±0.1	3.0±0.1	2.0±0.1	1.0±0.1
下部分附件压力针	针数/支	5	5	7	7
	针的有效长度/mm	40±1			
	针的直径/mm	3.5±0.1	3.0±0.1	2.0±0.1	1.0±0.1

注：针的有效长度是指支持针或压力针放置在支撑架上时的净长度。

所有插针均应呈直线，不应有弯曲的现象。

③ 试样的制备　从样品中切取 10 个（单瓦楞纸板）或 20 个（双瓦楞纸板）或 30 个（三瓦楞纸板）（25±0.5）mm×（100±1）mm 的试样，瓦楞方向应与短边的方向一致。

根据试样黏合面楞型选择合适的剥离架，按试样被测面楞距不同调整好剥离架附件插针的针距。如图 9-3 所示将试样装入剥离架，然后将其放在压缩试验仪下压板的中心位置。

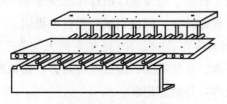

(a) 压力针(上)与支持针(下)

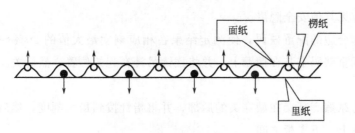

(b) 压力针与支持针正面图

图 9-3　插针示意图

○—支持针；●—压力针

④ 试验步骤　开动压缩仪以（12.5±2.5）mm/min 的速度对装有试样的剥离架施压，直至楞峰和面纸（或里/中纸）分离为止，记录显示的最大力，精确至 1N。

对单瓦楞纸板，应分别测试面纸与楞纸、楞纸与里纸的分离力各 5 次，

共测 10 次，双瓦楞纸板则应分别测试面纸与楞纸 1、楞纸 1 与中纸、中纸与楞纸 2、楞纸 2 与里纸的分离力各 5 次，共测 20 次，三瓦楞纸板则应测试共 30 次。

⑤ 测试结果表　示分别计算各黏合层测试分离力的平均值，然后按式计算各黏合层的黏合强度，最后以各黏合层黏合强度的最小值作为瓦楞纸板的黏合强度，结果修约至 3 位有效数字。

$$P = \frac{F}{(n-1)L}$$

式中　P——黏合强度，N/m；

　　　F——各黏合层测试分离力的平均值，N；

　　　n——插入试样的针根数；

　　　L——试样短边的长度，即 0.025m。

（4）戳穿强度检验方法

① 试样制备　从处理后的每张样品中，切取不小于 175mm×175mm 的试样 8 张。试样应平整，无机械加工痕迹和外力损伤。在任何情况下，戳穿试样应距样品边缘、折痕、划线或印刷部位不少于 30mm。如果由于某种原因，用已印刷的纸板做试验，则应在试验报告中说明。

② 试验步骤　试验应在 GB/T 10739 规定的大气条件下进行。

定期进行摆锤平衡、指针零点、指针摩擦阻力、摆轴摩擦阻力、防摩擦套环阻力的调节及校准，并做好记录。

检查仪器是否水平，摆锤固定装置是否牢固，释放装置、保险装置是否正常，有无其他安全隐患。

选择合适的配重砝码，使测定结果在相应刻度最大值的 20%～80% 之间。将配重砝码安装在摆臂上，并将摆锤吊挂在起始位置，然后关上释放保险装置。

将防摩擦套环套在戳穿头的后部，并将指针拨到最大刻度，然后将待测试样夹在上、下夹板之间。

打开释放保险，释放摆锤，摆即摆动，戳穿头穿过试样。当摆锤摆回来时，顺势用手接住摆臂或摆锤背部的把手，慢慢提起摆锤，使其吊挂在起始位置。

在刻度盘上配重砝码对应的刻度范围内，读取测定结果，应准确至最小分度值的一半。

重复按上述测试步骤操作，直至全部试样测定完毕。

③ 结果和计算　将一张试样的纵向正面、纵向反面、横向正面、横向

反面各 2 个测定值进行算术平均，作为该试样的戳穿强度。若防摩擦套环阻力和摆轴摩擦阻力之和大于或等于测试值的 1%，则用测定值减去该阻力之和，作为该试样的戳穿强度。

若要测定一张试样的纵向戳穿强度，则应将其纵向正面、纵向反面的测定值进行算术平均；同样，若要测定一张试样的横向戳穿强度，则应将其横向正面、横向反面的测定值进行算术平均。

④ 结果报告　测定结果的平均值、最大值、最小值、标准偏差和变异系数，必要时，应报告纵、横向试验结果的算术平均值。

（5）瓦楞纸板厚度检测方法

① 试样的制备　试样的采取按 GB 450 进行，试样的处理按 GB 10739 进行，选择足够大的待测瓦楞纸板，切取面积为 500cm² （200mm × 250mm） 的试样，以保证读取 10 个有效的数据。不得从同一张样品上切取多于 2 个试样，试样上不得有损坏或其他不合规定之处，除非有关方面同意，不得有机加工的痕迹。

② 试验步骤　将试样水平地放入仪器的两个平面间，试样的边缘与圆形底盘边缘之间的最小距离不小于 50mm，测量时应轻轻地以 2～3mm/min 的速度将活动平面压在试样上，以避免产生任何冲击作用，并保证试片与厚度仪测量平面的平行。当示值稳定但要在纸板被"压陷"下去前读数。读数时不许将手压在仪器上和试片上。每个试样在不同的点测量两次。重复上述步骤测试其余的 4 个试样。

③ 检测报告　报告全部测量数据的平均值，以 mm 为单位，准确至 0.05mm；计算其标准差 （以 95% 的置信度）。

（6）纸箱抗压强度测试计算方法　瓦楞纸箱抗压强度值不小于如下计算公式所得的计算值。

$$P = KG \frac{H-h}{h} \times 9.8$$

式中　P——抗压强度值：N；

K——强度保险系数；

G——瓦楞纸箱所装货物的质量，kg；

H——堆码高度 （一般不高于 3000mm），mm；

h——瓦楞纸箱高度，mm。

应根据所装货物的实际储运流通环境条件确定，包括气候环境条件、机械物理环境条件、贮存期、储运时间与贮存条件进行选择。内装物能起支撑作用的一般取 1.65 以上，不能起支撑作用的取 2 以上（军用品包装因特殊的储运要求，对一级纸箱要求 K 值取 3，二级纸箱 K 值取 2，堆码高度不超过 5000mm）。

（二）瓦楞纸箱成品检验

1. 钉箱（或黏箱）外观质量检查重点

① 瓦楞纸箱钉合搭接舌边的宽度：单瓦楞纸箱应≥30mm，双瓦楞纸箱应≥35mm；钉接时，钉线的间隔为单钉≤80mm，双钉≤110mm（军品纸箱钉距双排钉钉距≤75mm，单排钉钉距≤55mm，头尾钉至上下边压痕线的距离≤20mm）。沿搭接部分中线钉合，采用斜钉（与纸箱立边约成 45°）或横钉，箱钉应排列整齐、均匀。头尾钉距底面压痕中线的距离为 13mm±7mm。钉合接缝应钉牢、钉透，不得有叠钉、翘钉、不转角等缺陷。

② 纸箱的接合可用钉线或黏合剂等方式。瓦楞纸箱质量应均一，不得有黏合及钉合不良、不规则、脏污、伤痕等使用上的缺陷。

③ 瓦楞纸箱接头黏合搭接舌边宽度不少于 30mm，黏合接缝的黏合剂涂布应均匀充分，不得有多余的黏合剂溢出。黏合应牢固，剥离时至少有 70％的黏合面被破坏。

④ 瓦楞纸箱压痕线宽度不大于 17mm，折线居中，不得有破裂或断线。箱壁不得有多余的压痕线。

⑤ 异型箱除外，构成纸箱的各方面的切断部及棱必须互成直角。在压痕、合盖时，瓦楞纸板的表面不得有破损，在切断部位不得有显著的缺陷，切断口表面裂损宽度不得超过 8mm。

⑥ 箱面印刷图字清晰，位置准确。根据需要，在适当位置印刷瓦楞纸箱的种类或代号、生产日期及制造厂等信息。

⑦ 瓦楞纸箱的摇盖应牢固，可以经受多次开合，经先合后开 180°往复 5 次试验，面层不得有裂缝。里层裂缝长总和不大于 70mm。

⑧ 瓦楞纸箱的尺寸公差，单瓦楞±3mm，双瓦楞±5mm。

⑨ 剪刀差，大型箱≤7mm，中型箱≤6mm，小型箱≤4mm，成箱后箱体方正。

2. 打包入库外观质量检查重点

① 数量 是否和生产工艺单要求一致。

② 外观 产品名称、规格型号是否正确，纸箱表面是否有脏污、破损及其他不合格毛病等，对不合格品进行全数清除。

3. 瓦楞纸箱检验判定规则

《运输包装用单瓦楞纸箱和双瓦楞纸箱》(GB/T 6543)成品检验抽样方法是在同一批次产品中随机抽样，抽样与合格判定方案见表 9-12。

表 9-12 检验抽样与合格判定数

批量	第一次			第二次		
	抽样数	接收数 Ac	拒收数 Re	抽样数	接收数 Ac	拒收数 Re
<150	5	0	2	5(10)	1	2
150~280	8	0	3	8(16)	3	4
281~500	13	1	3	13(26)	4	5
501~1200	20	2	5	20(40)	6	7
1201~3200	32	3	6	32(64)	9	10
3201~10000	50	5	9	50(100)	12	13
>10000	80	7	11	80(160)	18	19

按《运输包装用单瓦楞纸箱和双瓦楞纸箱》技术质量规定的材料、尺寸与偏差、质量与结构条款要求逐项检查，按表 9-12 抽样、判定。其中有两项不合格，则该纸箱为不合格品。若同一项目有两个及以上纸箱不合格时，则这些纸箱不合格。摇盖耐折性能不合格，则该纸箱不合格，除空箱抗压试验外，不合格纸箱达到表 9-12 规定的拒收数时，则该批为不合格，空箱抗压试验若有一个样品不合格，则该批不合格。

4.《军用瓦楞纸箱》（GJB 1110A）检验规则

纸箱生产厂应负责完成军用瓦楞箱标准规定的各项检验，必要时，需方或上级主管部门有权对本标准规定的任一检验项目进行检验，检验应在国家级检验机构进行。

纸箱出厂前应进行出厂检验，检验项目应包括外观质量、抗压力、摇盖耐折及纸箱用的瓦楞纸板出厂检验的项目，纸箱出厂应有产品质量合格证。

纸箱质量检验以制好的、准备用于交货的单个纸箱为样本单位，检验项目按表 9-13 的规定执行。

表 9-13 检验项目

检验项目	要求	检验或试验方法
瓦楞纸板	制造纸箱应按表 8-3 选用同时满足内装物最大质量和综合尺寸要求的相应等级纸板种类的瓦楞纸板，瓦楞纸板应符合 GJB 1110A 的规定	瓦楞纸板性能的测试按 GJB 1110A 的规定进行
外观质量	军用瓦楞纸箱 GJB 1109A 规定的外观质量	在正常环境下采用目测和通用量具测试
纸箱抗压力	每个纸箱测试的结果不小于 GJB 1109A 规定的抗压力测试公式的计算值	军用瓦楞纸箱抗压强度测试计算公式要求
自由跌落性能	纸箱经自由跌落性能试验不应产生箱体开裂	按 GJB 1109A 规定的自由跌落性能测试
防潮性能	纸箱表面必须进行防潮处理，经防潮性能测试，其测试结果不大于 5%	按 GJB 1109A 规定的防潮性能测试方法测定

检验项目	要求	检验或试验方法
含水率	不超出(12±2)%	按 GB 462 的规定进行
摇盖耐折	将纸箱打开成型后，摇盖处于封闭位置，然后将摇盖向外打开 180°，再向内折回到原位置，反复进行 5 次，里纸面纸都不应有裂纹	将纸箱打开成型后，摇盖处于封闭位置，然后将摇盖向外打开 180°，再向内折回到原位置，反复进行 5 次，目测摇盖裂痕

（1）抽样方案　以相同材料、相同工艺、相同规格、同期生产的纸箱或一次性交货的相同生产批号的纸箱为一批，每批根据批次按《计数抽样检验程序及表》（GJB 179A）规定的抽样数，从准备用于交货的纸箱中随机抽样，检查水平 S-2，合格质量水平 6.5，采用一次正常检验抽样方案。

（2）《军用瓦楞纸箱》（GJB 1110A）判定规则　纸箱不合格可分为 A 类不合格、B 类不合格和 C 类不合格，见表 9-14。

表 9-14　纸箱不合格分类

检验项目	A 类不合格	B 类不合格	C 类不合格
瓦楞纸板	除厚度外瓦楞纸板应符合 GJB 1110A 的规定	厚度不符合 GJB 1110A 规定	
钉箱	材料不符 GJB 1110A 规定	龟裂	锈斑、剥层
抗压力	不符合 GJB 1109A 规定的抗压力测试公式的计算值		
自由跌落性能	不符合 GJB 1109A 规定的自由跌落性能测试值		
防潮性能	不符合 GJB 1109A 规定的测试结果		
含水率		超出(12±2)%	
摇盖耐折		将纸箱打开成型后，摇盖处于封闭位置，然后将摇盖向外打开 180°，再向内折回到原位置，反复进行 5 次，目测摇盖有裂损	
搭接边			宽度≤35mm
叠角孔			叠角漏孔≥5mm
纸箱成型（钉合）		断钉、裂钉、不转角钉	双钉距≥75mm，单钉距≥55mm，头尾钉至上下边压痕线的距离≥20mm，叠钉、翘钉、未钉透钉
纸箱成型（黏合）		黏合剂涂布不均匀有溢出、剥离时纸板黏合面出现分离	

续表

检验项目	A类不合格	B类不合格	C类不合格
方正度			纸箱综合尺寸≤1000mm时,顶面两对角线之差≥5mm,当纸箱综合尺寸≥1000mm时,顶面对角线之差≥8mm
尺寸偏差			单瓦楞箱公差≥±3mm;双瓦楞箱公差≥±5mm摇盖对接间隙≥5mm
纸箱表面		缺材、露楞、破洞	污斑、透胶、折痕
压痕		面纸开裂	单瓦楞箱压痕宽度≥12mm;双瓦楞箱压痕宽度≥17mm,断线、重线、箱壁有多余的压痕线
裁切刀口		刀口有毛刺,切口表面裂损宽度大于8mm	
标志印刷		无生产厂标志	标志不清晰或重叠、但可辨认、标志不全、印刷位置不当

（3）样本单位不合格的判定 当 B 类不合格为零，C 类不合格大于等于四项时，样本单位为不合格。当 B 类不合格为一项，C 类不合格大于等于二项时，样本单位为不合格。当 B 类不合格大于二项时，样本单位为不合格。

（4）批质量判定 检验结果若一项 A 类不合格，则该样本所代表的检验批为不合格，B 类和 C 类不合格，按样本单位不合格的判定或抽样方案进行判定，若不合格，则该样本所代表的检验批为不合格。

（三）标识

1. 标识的目的和作用

对产品进行标识的目的，在于防止不同顾客的相同类别、相近规格、不同批次和不同质量状况的产品出现混淆，误用或错发，对有问题的产品可实现有效追溯查找其原因。

产品标识可用于识别产品及其质量、数量、特征、特性。其标识可用文字、符号、数字、图案、颜色以及其他说明进行标识。

标识的范围可从原材料接收、产品生产、半成品周转、检验状态、成品仓储、交付全过程进行标识。

2. 标识方式

可用区域划分成区块标识，也可用挂牌标识。

3. 标识办法

（1）原材料标识购入的原辅材料，经入厂检验和验收后，需填写产品收付台账，按品种、规格、材料合理存放，码放整齐，并挂牌标识其送货商家、材料名称、规格型号、入库数量、入库日期、存放库位。辅料验收后也要按指定的区域和材料性质要求分类保管，并对其材料名称、规格型号、入库数量、入库日期进行标注。

（2）在制品标识

① 纸板线生产的纸板，必须进行有效标识，要求对每一批次的产品挂上"顾客名称、产品名称、规格型号、生产数量、生产日期"标识卡进行区别。

② 印刷后的半成品因箱面有印刷内容，其印刷内容可作为标识，但对英文版和难以明显区别的产品与未印唛图的产品要进行标识。

③ 产成品主要是对英文版、未印唛图的产品以及纸箱附件进行标识。指定专人对单件产品或在成品堆上挂牌标识。

4. 检验状态标识

检验状态标识有待检、检验合格及检验不合格状态三种。

① 对原辅材料的入库检验状态如待检、检验合格、检验不合格要进行标识，对材料名称、规格型号、入库数量、送货单位、入库时间要进行标识。

② 各班组生产的半成品及纸箱附件，经质检员检验后要在产品标识卡上填写检验状态标识。

③经质检员检验合格的产成品，在入库前可采取区域挂牌标识，入库后的产品要分品种型号堆放，并挂上经质检员检验签章的物资堆垛卡，以示标识。

5. 要求

① 各类产品标识名称必须与产品技术文件一致。

② 各工序标识卡标识的内容必须与实际产品一致。

③ 标识栏目的内容要求字迹填写准确、工整、齐全、无误。

④ 各区域堆放的产品必须与标识牌所标识的内容相一致。

第十章 瓦楞纸箱生产排程

瓦楞纸箱不是通用性商品，所以它的生产是一对一式的订单式生产，多数企业是接到瓦楞纸箱订单后才能组织生产，且有批量小、规格多、品种杂的特点。因此，要求生产排程人员，对每一个订单的生产环节都必须进行周密考虑。除确保按期交货外，还必须严控生产数量，不可严重超订单计划生产，以免引起顾客拒收超订单数量的产品，造成人、财、物和能源的浪费。

第一节 生产排程要考虑的因素

瓦楞纸箱生产排程要考虑的因素如下。

（1）交货期要考虑先后原则 交货期越短，交货时间越紧急，越应安排在最早时间生产。

（2）对客户应进行分类考虑 客户有重点客户、一般客户之分，越重点的客户，其排程应越受到重视。如有的公司根据销售额按 ABC 法对客户进行分类，A 类客户应受到最优先的待遇，B 类次之，C 类更次。

（3）产能平衡原则 各生产环节的单班产量、能加工的最大尺寸、最小尺寸、可加工出的数量等，各生产环节应顺畅，半成品生产与成品生产的产能应同步，不能产生瓶颈或出现停工待料事件。

（4）安排生产要注意工艺流程 对制作环节较多的产品，因制造时间较长，应重点给以关注。对能缩减工序或合并工序的要尽量缩减和合并。

（5）原纸利用率 将用纸定量、纸幅宽度相同的产品安排在一起生产，减少生产过程中的换纸频率。将印刷颜色相同的产品安排在一起生产，并按颜色由浅到深的色序安排产品生产，减少印刷换墨洗机时间。

（6）要充分考虑各机台的损耗率 以确保产品生产计划能按时、按量完成并避免浪费。

（7）提高原纸利用率 要最大限度用不同规格的产品将纸幅拼满，尽量减少纸板边角余料，提高原纸利用率。当产品大于纸幅 1cm 左右时应通过与技术人员协商对产品的加工工艺尺寸作微调处理，来解决纸幅宽度不够的问题。

第二节　生产排程要准备的资料

（1）生产任务方面的资料　包括企业的周生产计划。所做的生产计划，必须依照交货期对订单的品名、数量做顺序排列。在排程时对有些同规格但不同订单交货期的，可以安排在一起生产，尤其是小批量的订单，才会降低成本。大订单交期较长即不用急，差几天的可以一起排配。总的来说，一定要依成本做第一考量，依客户和订单时间先后顺序用批号管制，并以颜色标示已排单。

（2）技术资料　包括产品图纸、工艺文件、产品技术检验规范、外包附件清单、按车间编制明细表等。

（3）生产能力方面的资料　包括各工序生产工人需求数量，生产设备加工产能、各工序产能是否可以配套。要衡量目前人机接单状况是否饱和，预计完成产品加工所需的时间周期（产品的交货期），务必要做到配套好，防止个别工序产生瓶颈。

（4）生产准备工作方面的资料　包括工艺装备准备情况和原辅材料采购规格、数量、外包件、模具及供应情况；供货商是否有能力满足要求等，要确认、要落实。不然一个小环节不到位将会影响整个全局生产进程。

（5）生产资金需要额度。

（6）前期预计生产完成情况和在制品结存及分布情况等。

第三节　产量完成进度、原辅料及能耗统计

各班组的半成品、成品、入库产成品完成进度统计，主要内容包括客户名称、产品名称、规格、数量、交货期。数据统计从纸板生产数量、印刷生产数量、钉箱生产数量、各配套工序生产数量、入库数量、发货数量、库存数量到材料消耗、能源消耗、辅料用量、人员工时、各班组机台产品合格率、废品率与质量完成数据。其统计数据主要用于分析订单计划完成进度和员工的计件工资核算。同时要注意产品收尾零头和返工品的统计不能遗漏，尤其是短线产品。统计数据要求准确及时，对各班组的原辅材料消耗情况，固废收集处置情况要及时统计，用于产品成本分析。

第四节　生产现场管理

一、现场管理目的

保证产品质量稳定，防止同规格、同尺寸、而型号不同的产品混淆，使

设备维护良好，提高生产工效，确保产品按期交付，保持物流有序和生产安全。

现场管理的基本内容如下。

① 现场实行"定置管理"，使人流、物流、信息流畅通有序，现场环境整洁，文明生产；

② 加强工艺管理，优化工艺路线和工艺布局，提高工艺水平，严格按工艺要求组织生产，使生产处于受控状态，保证产品质量；

③ 以生产现场组织体系的合理化与高效化为目的，不断优化生产劳动组织，提高劳动效率；

④ 健全各项规章制度、技术标准、管理标准、工作标准、劳动及消耗定额、统计台账等；

⑤ 建立和完善管理保障体系，有效控制投入产出，提高现场管理的运行效能；

⑥ 搞好班组建设和民主管理，充分调动职工的积极性和创造性。

二、 现场管理措施

对现场材料、产成品、配套件、工器具实行定置定位存放、班中巡查、班后维护。对设备和电气的安全装置及消防器材要定期检查。对现场的工艺、技术、质量文件要确保是有效版本，必须收回作废和无效与过时的旧版本。为防止产品混淆要抓标识、抓产品收尾零头、返工品、发货环节的产品检查与验证。对设备及现场卫生，收班必须打扫干净，班后检查并作记录。制订相应的指标进行考核，采取周末讲评，月底奖罚兑现。

第五节 外包业务控制措施

瓦楞纸箱生产企业经常会遇到小批量、短版或时令商品包装用彩印瓦楞纸箱的业务，针对这一市场，不少瓦楞纸箱生产企业，探索出了联合加工短版彩印瓦楞纸箱的新路。这些没有彩印设备的纸箱生产企业，通过与合适的彩印厂联合加工，并严格加强合同评审、质量控制和技术监管，可克服纸箱生产企业业务流失的弊端，既可提高彩色印刷品的质量，又能满足中小批量产品包装市场的需要。而且这样批量的业务一般不拖欠货款，资金回笼快。另外，联合加工彩印瓦楞纸箱制品还有如下优点。

① 对本地彩印企业的情况比较容易掌握，可选择信誉好、单项技术力量强、交货及时的外包加工企业进行联合生产；

② 既可以共同保护本地市场，又可通过长期合作，得到共同发展；

③ 可减少纸箱企业和彩印企业在设备上的重复投入，避免追求小而全，和盲目投资造成的恶性竞争，使彩印制品包装市场得到良性发展。

但存在技术、工艺、质量和生产数量难以准确控制和包装运输与交货方式不当造成损坏等问题。纸箱生产企业需增加有效控制环节，才能确保彩印面纸的质量、数量、交货期。

针对上述问题，这里介绍一种将相关内容分解落实到纸箱生产企业对应部门进行监控的有效方法，供没有彩印加工能力，需要将彩印瓦楞纸箱面纸进行外包加工的企业参考。

一、 外包加工件的评审

在接到彩印瓦楞纸箱业务时，纸箱生产企业应组织相关部门进行合同评审（就是评审自己的产品和服务能否满足顾客的要求）。

① 常规产品的评审只要做简要评审记录即可。

② 对于外包产品和新产品，需要有顾客签字、盖章确认的样品，或者配有详细技术要求的文字说明材料，经各相关部门鉴定和评审之后，方可签订外包合同。

③ 产品技术要求有变更时，要重新进行评审，并且要与各部门进行协商，一定要按要求进行运作，并严格做好记录。

④ 评审过程中要与用户沟通，以便达成共识、杜绝隐性问题。与顾客沟通的方法，可采取上门面谈或电话、信函、传真、电子邮件等各种方式。

抓好相关部门的分工协作。

经评审后的业务要将相关内容分解到对应部门进行落实。

二、 供销部门要做好外包加工企业的选择

供销部门负责组织对公司各种小批量和短版业务外包加工单位的调研，选择和确认工作。

1. 对外包加工单位的选择和确认

对外包加工单位应从加工技术水平、交货期、质量保证能力、售后服务等方面进行综合评价。外包加工企业的资料，包括企业地址、主要负责人的姓名、联系方式、该企业从业人员的技术资历和从业时间、质量执行标准、质检人员数量、检验方法、检测仪器、样品确认、原辅材料入厂控制情况、设备状况（如印刷设备型号、设备产地及使用年限、使用频率、保养维护状态、加工色数、可加工的最大尺寸和最小尺寸、加工产能）、机修人员的从业时间等进行详细了解，并建立详细的评价记录。

2. 印刷材料供应与成品交货形式的确定

一种方式是印刷面纸由需方负责提供，外包加工企业生产合格产品供应需方；另一种方式是从印刷原料到成品全部由外包加工企业提供。不管采用哪种方式，对每批产品的加工要求都要签订加工合同。合同内容要包括原材料供应方式、印刷成品标准、印刷成品入厂检验的内容、付款方式等。成品的交付方式包括印刷成品的包装、装卸、运输要求、交付地点、交付日期等内容。

三、 技术部门要做好技术监控

技术部门负责制定外包加工彩印面纸的工艺技术标准和外包加工过程的产品质量监控标准，并协助管理部门对外包加工企业生产能力进行调研、确认和技术监督。

其外包加工产品的工艺路线、质量要求要形成文件，内容包括印刷产品名称、套色数量，是否为实地满版、呀口，纸箱是单片还是连片，面板、挡板内容的印刷位置及方向，版面规格尺寸，各种标志、图案、文字内容、字体的风格等。另外还要注明后加工采用的工艺，包括贴面、裱胶、切角、模切、钉箱、粘箱工艺；所用材料的规格型号，包括原纸的品种、定量、规格、质量等级、油墨的墨色标样等。

（1）样品的形式及确认　样品形式包括墨稿、胶片、印版、印制出的样张和顾客提供的样品资料。

对样品的确认要认真审核，因为样品是批量印刷品的原形和后续检验标准，它的质量好坏会直接影响后续批量印刷品的效果和质量。

（2）样品、样张、胶片的交接　承接外包加工任务的彩印企业应按需方提供的技术要求进行打样，样品打好之后由双方签字确认，并进行登记，其样品可一式三份，一份交需方技术部门存档，一份交需方供销部门备案，另一份由彩印企业留下作为样品（即批量生产的技术文件）。

彩印瓦楞纸箱面纸加工完毕后，如果不再生产，需将样品、样张、胶片、印版等及时收回进行处理，这样可杜绝泄漏加工信息及其他隐性问题。

如还有后续生产，彩印企业对委托加工产品的生产原材料和文件资料，如原纸、样品、样张、各种工艺技术要求和专用油墨等，必须妥善保管，不能造成破损、浪费和遗失。

四、 质检部门要做好外包印刷品的入厂验收

对于外包加工彩印瓦楞纸箱面纸的入厂验收，质检部门应按供销部门签

订的合同和技术部门制订的技术质量要求，进行品种、规格、数量、质量、合格率的检查验收。

外包加工质量检查内容与抽样比例，在彩印面纸加工期间，需方质检部门对加工的彩印制品质量可进行跟踪检查，但质量检验人员应懂得彩印质量标准和检查内容、检查验收方法。如外加工彩印制品需印制的企业名称、产品名称、印刷内容、颜色、规格尺寸、裱胶（或贴面）的规边方向、验收依据（执行标准）等。

要遵循一定的抽查比例，如批量在1000张以下的，可按5％抽检；1000张以上、5000张以下的，按3％抽检；5000张以上的，按1％抽检。

五、 生产管理部门要控制外包加工进度

生产管理部门要随时掌握外包加工配套件的加工进度，及时做好本企业的生产设备、相关辅料、人员安排、生产流程等各项准备工作和相关的配套工作，确保质量，按期交货。

外包加工的彩印瓦楞纸箱面纸一定要保存好各种相关资料和原始凭证与记录，以便日后遇到问题时方便查找，有利于追溯问题的根源和制定相应的防范措施。

第六节　节能降耗工作

瓦楞纸箱生产主要消耗的能源是热能（不论用煤、天然气、石油液化气还是用油加热产生的热能）和动力（电）及水的消耗。

能耗在瓦楞纸箱生产成本中也占有一块不小的比重。必须要认真扎实做好节能降耗工作，重点要抓跑、冒、滴、漏；热能输送保温、余热回收利用、能耗计量统计与考核，并定期公布考核结果，同时要抓班前准备工作和班中停机待工造成的能源耗损。对周末和节假日（尤其是气温低于零度）要将排放冷凝水的旁通阀打开，以防冷凝水中的铁锈或其他沉淀物堵塞旁通阀和疏水阀，确保管网送汽畅通无阻。另外要制订水、电、汽月度能耗控制指标，并将其分解落实到班组。

抓技改，优化管理，降低能耗，如将大功率电机改为变频器调速伺服控制、优化生产安排、提高单位时间生产效率、压缩生产换规和过多调整机械设备造成的能源损耗。

第十一章　纸箱生产设备

第一节　瓦楞纸板生产设备简介

纸箱生产是从用单台机，纯手工操作发展而来的，发展至今已有多种制作流程，用单机压制瓦楞，经裱胶机用手工裱制瓦楞纸板，再用单台印刷机、开槽切角机、钉箱机将瓦楞纸板制作成纸箱。

将多台单机组成线，也就是现在所说的瓦楞纸板自动生产线，这种线又有 A 型线（瓦楞辊和预热辊的直径较小）、B 型线（瓦楞辊和预热辊的直径较大）和 Z 型线（不同楞型的瓦楞辊可快速更换）之分。另外还有低速线、中速线和高速线之分。

用单面机压制瓦楞，用胶印机印刷彩色面子，经贴面机将面子与瓦楞单面纸板复合，再经模切机模切成型，用粘箱机将瓦楞纸板粘接制作成彩色瓦楞纸箱。

瓦楞纸板自动生产线主要由下列单机和系统组成。

① 无轴芯卷纸支架；

② 原纸预热器；

③ 单面机（有真空吸附式和导纸片式）；

④ 输送天桥；

⑤ 多重预热器；

⑥ 复合机（又称涂胶机、双面机）；

⑦ 电器控制系统（如瓦楞纸板自动线的主传动电机，基本上采用的是无级变速电机，在自动化程度较高的自动线上，现已实现电脑集成伺服器控制）；

⑧ 升温加热系统包括锅炉、预热器、烘干热板、蒸汽输送管线、疏水器、冷凝水的回收管线；

⑨ 纵切机；

⑩ 横切机；

⑪ 瓦楞纸板输送机（自动堆码机，有的是用人工进行产品输出）；

⑫ 黏合剂制作及输送、循环系统；

⑬ 供水管网；

⑭ 压缩空气供气系统；

⑮ 加工过程中的废纸边粉碎回收系统。

整个瓦楞纸板生产线的关键部位是单面机的瓦楞辊，它是自动线的心脏。

瓦楞纸箱生产的其他辅助设备还有印刷开槽机（或者是分纸压线机、碰线机、切角开槽机、水墨印刷机）、模切机、钉箱机、粘箱机、手拖车。

特种设备有叉车、空气压缩机、电梯、行车、起重设备。

纸箱加工机械设备主要传动方式有皮带、齿轮、链条、蜗轮蜗杆、汽压、连杆和传动轴等传动方式。

主要连接方式有螺栓连接、键连接、销连接及链连接。

设备调节最多的地方是设备的"间隙"。

电气有强电（如动力、照明）和弱电。其中，弱电包括数据传输、光电信号及变频信号。

第二节　设备使用控制内容

对设备的正确使用、维护、保养、操作是我们所有生产人员和管理人员必须要认真做好的工作，做好了这项工作，不但可提高设备的利用率，而且还可防止设备故障和人员事故的发生，降低设备的维修费用，延长设备的使用寿命，确保能生产出质量合格的产品，达到提高经济效益的目的。因此，所有操作人员必须熟悉，并掌握本岗位设备的结构、性能、操作规程、使用方法、维护、保养规定和要求。

一、　建立设备台账和计量器具台账

设备台账包括设备名称、规格型号、制造厂家、出厂编号、出厂年月、起用时间、电机台数、装机容量（kW）、原值、已提折旧、净值、主要设备类型、本厂统一编号，并将每台设备的说明书和维修记录都归档保存。

计量器具的类别主要有压力类、长度类、热工类、流量类等。台账应包括以下内容。

总表内容：序号、仪器名称、在用、停用、封存、合计、ABC 类、检定部门。

台账明细表内容：分类代码、仪表统一编号、分类、名称、型号、测量范围、准确度、生产厂家、出厂编号、管理状态、使用部门、使用地点、检定部门、检定周期、检定日期、有效期、ABC 类别。

二、 设备的使用维护、 周期保养与定期检修

如果平时不注意对设备进行正常保养、加油、换配件，一旦遇到大部件或重要零部件损坏，所需要花去的费用少则上千元，多则上万元，还影响生产的正常进行，造成很多隐性损耗。

使用设备应做到"三无"（即无油垢、无杂物、无易燃易爆物）、"五不漏"（不漏水、不漏电、不漏油、不漏气、不漏风），操作工要做到"三勤"（勤擦拭、勤加油、勤检查）、"四懂"（懂设备名称、懂结构、懂原理、懂性能）、"四会"（会使用、会操作、会检查、会排除一般性故障），建立健全"三不交班"（油未加好不交班、未擦拭干净不交班、运转不正常不交班）。

要做到五定，即按机台定人员、定油质型号、定加油量、定加油位、定期清洗换油。

1. 定期检修的主要内容

定期检修又叫周期保养，是以设备维修工为辅助，以操作工为主，按计划进行的维护措施，其主要内容如下。

① 对设备易损部位保养和重点部位进行拆卸、检查；

② 彻底清洗外表和内部，疏通油路、水路、汽路、胶路；

③ 清洗和更换油毡、油线、滤油器、水管、汽管和输胶管线；

④ 调整各部位间隙；

⑤ 紧固各部位零件；

⑥ 电器部分由电工负责保养。

定期维护完成后，应对调整、修理、更换的零件、部件、部位、机台、更换和修理的时间、更换后的使用效果做好详细记录，尤其要将发现后、尚未解决的问题记载清楚。完成定期维护后需经设备管理员和操作工验收。维修记录交车间和设备部门归纳存档，以备日后查阅，定期维护周期一般每1～2个月或在设备运转500h后进行1次。

定期维护的方式一般有两种，一种是全公司在同一时间内，将所有设备全部停运后进行保养；另一种是错开周期，排出计划按月进行。

2. 定期维护内容和要达到的四项要求

① 工具、工件、附件放置整齐、安全防护装置齐全可靠，线路管道完整，传动部位灵活；配合间隙调整正确。

② 设备内外清洁无油污、各滑动面、丝杆、齿轮、齿条、无油污碰伤、管路系统无泄漏、无渣物阻塞。

③ 按时加（换）油、油质正确、油具、油杯、油毡、油线清洁齐全，

油标明亮、紧固部件无松动。

④ 遵守操作规程，精心保养，防止事故。

三、 机电设备润滑

1. 润滑油的一般选用原则

① 在压力或冲击、变载等工作条件下，应选用黏度高的润滑油。

② 滑动速度高时，容易形成油膜、油楔，为减少摩擦功耗，应选用黏度低一些的润滑油。

③ 循环润滑、芯捻润滑或油垫润滑时，应选用黏度低一些的润滑油。

④ 飞溅润滑（喷淋润滑）应选用高品质油，以防止与空气接触而氧化变质或因剧烈搅拌而乳化。

⑤ 低温工作的轴承应选用凝点低的润滑油。

⑥ 加工粗糙或未经磨合的表面应选用黏度高的润滑油。

⑦ 对于同一台机器，热天为防止润滑油过快流失，可用黏度略高的机油，而冷天则可选用黏度较低的机油。

润滑脂稠度大，不易从摩擦面流失，承载能力也较大，但其物理及化学性质不如润滑油稳定，摩擦功耗也较大，不宜在温度变化大或高速条件下使用，润滑脂一般适用于重载、低速和间歇性运动的设备，及需要避免润滑油流失和不易加油润滑的地方使用。

2. 润滑脂的选用原则

润滑脂的选用原则可参照国家标准 GB/T 7631.8 润滑剂和有关产品（L类）的分类选用。

① 所选用的润滑脂加入机内后，当机器处于静止状态时，所加入的润滑脂不流失、不从缝隙处滴落。

② 当机器处于运动状态时，加入的润滑脂不因离心力而甩离或泄漏。

③ 适用温度范围以宽的为好。一般来讲，润滑脂的工作范围比润滑油的工作范围宽，如锂基润滑脂的使用温度在 $-20\sim120℃$，钙基润滑脂或钠基润滑脂的使用温度在 $-20\sim600℃$ 或 $-20\sim120℃$。

④ 耐压性高，当润滑脂处于受压状态时不出现外溢。

⑤ 当机器长期不换润滑脂，而设备仍能处于润滑状态时，润滑脂的使用寿命长，消耗少，耐用。

⑥ 设备构造比较简单的多选用润滑脂。

⑦ 性能稳定不被化学品、基本有机原料和润滑油溶解掉，保护期长，防护性能好。

以瓦楞纸板线润滑油脂的选用举例如下。

齿轮油：主要用于单面机齿轮传动箱、主驱动齿轮传动箱的齿轮润滑以及冷却。如更换纸箱机械设备的蜗轮蜗杆减速箱内的润滑油，可选用 10 号、20 号或 30 号机油。

普通润滑脂：主要用于无轴芯原纸架、天桥输送机构、预热缸、涂胶机、自动堆纸机等处轴承的润滑。

高温润滑脂：主要用于单面机的润滑，整条瓦线中最重要的就是单面机瓦楞辊、压力辊轴承的润滑，必须使用优质的耐高温润滑脂。

轻质机油：主要用于有油杯和油箱的部位，如热板部位、冷却部位、纵切机、电脑横切机等处的润滑。

四、 纸箱生产设备常用易损备品、 配件

常用易损备品、配件包括瓦楞辊、各类常用规格的螺丝、螺帽、垫片，各机台上对应轴的各种型号轴承、各种阀门（如法兰截止阀、减压阀、安全阀、柱塞阀、球阀）、直通式高效疏水阀、蒸汽用金属软管、蒸汽软管旋转接头、单面机脱料刀、纵切机纵切刀、横切机横切刀、分纸机分纸刀、印刷机的开槽刀和切角刀（有弧形开槽刀、弧形锯齿刀、双片式修边刀、下刀有半圆形锐角刀或半圆形直角刀、半圆形槽宽挡圈）脱料刀、气动单向隔膜泵、切纸机的切纸刀、模切机的各种刀片、线刀与模板。相应机台所需规格型号的输送皮带、输送压缩空气的高压气管、高压气管接头、空气过滤减压阀、黏合剂输送管、钉箱机的内剪、外剪和叉头、润滑脂（机油、黄油、二硫化钼润滑脂）、生胶带、密封垫和密封圈、刹车制动块等。电器部分的熔断器、继电器、接触器、变频器、开关、电机、照明灯、单股或多股铜芯线、保险丝、绝缘胶布等。

每年对所需的备品、配件都要及时造好数量计划和资金需求计划，对入厂零配件和刀模具要做好验收、核对工作。

第三节 纸箱生产设备、 仪器的维护保养方法

一、 单面机瓦楞辊的维护保养

瓦楞辊是纸板线的心脏，一定要认真保养。每班收班前必须清除瓦楞辊上的纸屑、胶渣、草节、浆块。瓦楞辊空转时要加 40 号机油润滑，减少瓦楞辊的磨损。热瓦楞辊不准用冷水冲洗，以防瓦楞辊因温度骤降而变形损坏。必须按规定的时间，向瓦楞辊和压力辊两端的轴承内注入润滑油脂，以

防轴承长期处于高温、高压、高速环境下运转而加速损坏，瓦楞辊空载时不准加压运行。

当长期生产纸幅较窄的产品时，最好每隔一段时间，将瓦楞纸换到瓦楞辊的另一边压制，并且在压制过程中要相应地将压瓦楞这边的气缸压力加大，将未压瓦楞的另一端气缸压力适当减小，达到减少瓦楞辊中高度磨损过快、延长瓦楞辊使用寿命的目的。

当瓦楞辊出现以下磨损状态时，就需要进行修复或更换。

① 楞齿高度被磨低：会导致压出的瓦楞纸的高度低于标准值。

② 中高度磨损严重：由于经常不使用满幅（纸宽小于瓦楞辊宽度的）原纸，使瓦楞辊中间的磨损快于两端，造成瓦楞辊中高度磨损后，在压制宽幅瓦楞纸时，瓦楞纸的两端受力大于中间受力，会造成瓦楞芯纸在瓦楞压制成型时两端出现压破。

③ 楞齿一边倒：楞齿出现一边倒的磨损变形，其生产出来的瓦楞纸的瓦楞形状也一边倒，会影响瓦楞纸的平压强度、边夺强度和外观。

④ 楞齿倾斜、扭曲。

瓦楞辊经过修复可重新使用，但如果修复的瓦楞辊直径缩小严重（以260mm 直径的瓦楞辊为例，如直径缩小 3mm，其瓦楞辊的周长将减少10mm），那么就会出现严重的倒楞和瓦楞纸板起皱，此瓦楞辊就不能再使用了。

二、 双面机的热板维护

要按规定及时对各轴承部位加注相应的润滑油脂。每班收班前都必须清除热板上已糊化的黏合剂干胶渣、干胶块和废纸屑。

三、 纸板线专用传送带的使用与维护

1. 传送带的使用注意事项

① 传送带的规格应与设备规格相匹配，生产纸板规格应比带宽窄60mm，最小值应为 20mm。如果纸板规格宽于传送带（不能覆盖全部纸板），则纸板边缘会因外露而脱胶，如果长期生产窄幅纸板，会导致皮带两侧直接贴热板，在高温和长时间摩擦下，皮带两侧会首先磨损，使传送带的使用寿命减少。

② 传送带的张紧力应适当，张紧力太大会损伤带边，应控制与驱动轮和纸板不打滑即可。

③ 运转时出现跑偏要及时调整纠正，以免刮伤带边，可用水准仪找准

基准线沿带长方向量等边长，取四边形测对角线差，检查接缝是否垂直，同样用四边形法，借助 π 尺找两胶轮（主动轮、从动轮）是否有不平行的安装误差，调整调偏张紧机构。

④ 传送带卡钩连接损坏时应及时处理。

2. 传送带的保养注意事项

传送带的保养，纸板生产时应控制黏合剂的用量。不易多，以免从纸板两侧压出黏在皮带上，尤其用宽带生产窄纸板，易出现两侧黏结浆糊现象，此时应及时清除。在清理皮带时要注意如下几点。

① 忌用锐器硬铲，以免铲坏带面或导致坏带面逐渐扩大。

② 用水充分淋湿后，用软丝扫把清理。

③ 每月进行 1 次彻底清洁。方法是，低速 $10\sim20\text{m/nim}$ 运行，用清水喷淋 1h；然后用软丝扫把清扫，对干涸的旧迹，可用容器稀释少量清洗剂，用软刷刷净，再用轻水冲洗，然后通 $2\sim3\text{kg/cm}^2$ 蒸汽，边运转边烘干。

④ 为防止停机时传送带停留在热板上长时间烘烤，而导致传送带加速老化，所以必须要撑起传送带。

四、 纵切机和电脑横切机的简单故障排除与维护

对纵切的薄刀，横切机的横切刀一定要准备足够的备用件，对有电脑横切机的操作系统，也应该用另一硬盘做好备份，以便在操作系统出现故障或损坏后快速调换；确保生产的顺利进行，对电脑主机和显示器要做好防尘、防潮工作。另外如果横切机的主电机，是开放式散热电机就必须要做好防尘防潮工作。

对电脑横切机出现故障的诊断方法，打开横切机的电脑后，可从电脑横切机的故障诊断系统中，查找电器故障系统的故障原因。

1. 电脑横切机的几个简单电脑故障排除方法

① 当操作系统出现丢失文件时，需将电脑横切操作系统重新拷到硬盘中去（或者将电脑横切操作系统进行重新安装）。

② 电脑开机没有自检声说明显卡有问题，可能是显卡接触不良或者是显卡已损坏，如果接触不良可重新插好，如果怀疑显卡已损坏可换一个新显卡试一试。

③ 开机无显示、主机扬声器有长蜂鸣声（针对 Award Bios 而言）。

一般是内存条与主板内存插槽接触不良引起此类故障，只要用橡皮擦来回擦拭内存条的金手指部位进行清理干净即可解决问题（不要用酒精等有机溶剂清洗），另外内存损坏或主板内存槽有问题也会造成此类故障。

④当电脑横切操作系统界面上的某些功能键，变成灰色图标不能使用时（说明横切机的操作系统出现了故障），可从控制面板中将横切机的操作系统删除后，再从光驱中将电脑横切机的操作系统重新安装一遍即可。

⑤当操作界面上出现通讯错误时，要电工检查一下主机后面的接线柱是否接触不良，并要电工检查一下配电柜中的伺服器是否有问题，或者重新开机试1次。

⑥当开机出现 DISK BOOT FAILURE INSERT SYSTEM DISK AND PRESS ENTER（检测不到硬盘）时，可将主机箱打开后把硬盘的接头重新拨插一次可消除接口接触不良的故障。如果仍旧解决不了问题，可用一个新硬盘替代比较一下看是否为硬盘有故障，否则需对硬盘进行检查或更换。

⑦当接上电源后显示器无任何信号，主机上的指示灯也不亮，可先检查主机内的电源是否有问题，打开主机内的电源盖查看保险丝是否被融断，再用直接观察法，仔细察看电源内是否有烧焦、炸裂、融断的元器件（如保险丝、变压器、整流三极管、电容器、电阻器、集成芯片等）。如果没有发现问题但电脑仍无任何反应，可用同一功率和型号的电源进行替代试一下，看主机上是否有信号显示。如果主板上有信号显示，并有自检的声音，说明电源没有问题。如果主机自检，而显示器仍无任何信号，可检查一下显示器是否打开，如果是打开的，但显示器仍无任何信号，可用一个好显示器替换原显示器，来判定一下原显示器是否有问题，有问题则换掉。同时，当电脑提示 Keyboard Error or No Keyboard Present（找不到键盘）时用一个好键盘替换试一试。

2. 几点要注意的事项

①不是专业电脑维修人员，不要自己打开电脑去检修。

②如果是老式电源，在将主机电源接到主板上时，要求将两个插接头的黑线向中间靠拢插到主板电路上。

③为防止重装时接错线，最好在拆卸各接插口时，将各插接口用笔编号，并将各部位的接线方式记录下来，用于复位时的核对。

五、 水墨印刷开槽机的维护与保养

开机前检查各油孔是否堵塞，要保持油管或油眼的畅通。检查是否有零件损坏及螺丝、螺母松动现象。生产时不使用的印刷组、胶辊与网纹辊必须松开，否则容易导致两辊磨损，匀墨不均。

每天印刷收班前，必须将印刷机的墨辊、墨槽、输墨泵及输墨管内未放出的剩余墨，用清水彻底清洗干净，以防余墨干枯后引起输墨管堵塞或输墨泵不送墨，对卸下来的印刷版洗净后，交排版房分类保管。印刷机内不准留版过夜，对各丝杆、齿轮、轴承、滑块、滑轨处按规定加注相应的润滑油或润滑脂，扫净机器表面及刀架、刀座和刀轴表面的纸屑与灰尘，将地面打扫干净。

要防止异物杂质落入机内损坏设备，特别要禁止杂物落入墨桶，以防损坏墨泵和匀墨辊与着墨辊。

各单色机在靠拢操作时，不得使两机产生过大的碰撞，同时应防止齿轮合拢时相碰，在齿轮接近时最好采用点动靠拢操作。

应保持本设备电磁离合处清洁，如油污会使电磁离合器失效，有油污可用汽油进行清洗。

要保持光电计数器的清洁，防止灰尘和油污遮挡感光头而影响计数。

六、 钉箱机的保养与简要修理

1. 钉箱机保养

每天对钉箱机的锤头、冲头润滑 1 次，对锤头固定轴、左右挡板固定轴应用机油随时润滑并进行清洁。

上、下锤头传动轴、栓槽轴、传动螺杆也要保持良好的润滑。下锤头容易因扁丝送进时部分电镀屑脱落而聚积在冲头中，平时应注意经常进行清理和清洁。

每月底要拆开锤头进行清洁并加油。送纸皮带、栓、槽、轴、左右挡板的 3 个齿轮，宜 1 个月加注黄油 1 次。

离合器、刹车器要防止油、水渗入。电机应该保持清洁，避免灰尘聚集，要经常对散热、滤尘网进行保洁。电器控制箱必须保持清洁，防止灰尘聚集而造成短路故障。内、外送丝轮轴要注意用黄油润滑，使其保持可靠的灵活性。

对动力传动的齿轮要求 1 个月加注黄油润滑 1 次，以防止机械部件的磨损。

每月 1～2 次检查顶叉处的弹簧，若弹力不够应进行更换。对钉针底模及机头部分的刀盒、叉刀、压刀、断丝刀片、定刀片、舌杆等易损件，若磨损严重应及时更换或修复。机头部分应经常清洗，除去污物，使机器长期保持优良的使用性能。

2. 钉箱机头简要维修

要仔细查看机头部分各连接件是否配合清缝，如叉刀、叉头的盖与底板，凸轮与连杆、小轴的配合间隙。对出现磨损的要进行补焊修平。

如叉刀与叉头的接触面因摩擦频率高,磨损严重,如图 11-1 所示(图中虚线以内为已经磨损的部位),需要补焊修平。

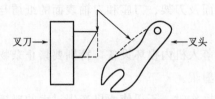

叉刀→　　　　　←叉头

图 11-1　叉刀和叉头的磨损

在装入新配件时,对各工作面要适当倒角,对已磨损的配件要磨平,如送丝槽的出丝口端面要修磨平整,如图 11-2 所示。

——送丝槽此面要修磨平整

图 11-2　送丝槽

带集成电路的钉机出现电路故障,在无配件的情况下,可甩开集成电路改成一般常用电路。

七、 空压机的使用维护与注意事项

空压机要远离火源,并按规定的时间清除空气过滤器上的积尘,对气缸底部放水、加注规定型号的润滑油酯和注入规定的油量。

八、 电动机的维护与保养

电动机是瓦楞纸箱生产中的主要动力源,使用频率高,因此要注意做好如下几点工作。

① 开关电动机的动作不宜太快,机器加速不宜过猛,以防冲击式的开动和骤然停止损伤开关枢纽,对电动机本身和电表、传动皮带与机械传动部位也易造成损坏。

② 传动皮带不宜过分紧,以减轻轴承的负荷,轴承的含油量必须符合标准。要按规定周期擦洗轴承,更换润滑油。

③ 因电动机转动会把灰尘、纸屑吸入电动机内,从而阻止冷空气对电动机的降温作用,使电动机发热而烧毁,因此必须经常把灰尘和纸屑从电动机罩内吹走,还要用毛刷拂去角落的积尘。

④ 电动机负荷过重也是造成电动机不正常而发热的原因,所以不要长时间超负荷生产。

九、 检测仪器维护保养与简单维修注意事项

① 要掌握仪器的使用方法和操作程序、检测量程，以免影响测量精度并防止损坏仪器。

② 要做好仪器与机械部位的防潮、防锈、防尘、防震、校准水平，注入规定型号的润滑油脂。对电器部分的元器件、电源、传感器、转换器、显示器要做好绝缘、防鼠、控温，减少因氧化、老化、漏电、短路、断路造成电器部分损坏。

③ 各种玻璃器皿和光学仪器要轻拿、轻放，防止骤冷、骤热、冲击、碰撞、灰尘和霉变。尤其是光学零件的镜面和抛光面，不能用手直接拿取，要戴细纱手套或垫以软绸布拿取，擦拭时也只能用细绸布轻擦。

④ 各种计量仪器上的刀口、刻度、指示器要防止损伤，要保持清洁，并定期请计量部门校准。

⑤ 对机械系统因磨损、锈蚀、灰尘、油污、断裂、破损、落入异物、松动或操作不当造成有关活动部位出现"死机"、打滑、振动、运转不同步、丝杆螺丝调不动，声音、温度异常，可通过看、听、测、摸进行排查。

⑥ 对电器故障出现不启动、指示灯不亮、显示器不显示或数据显示异常，可检查开关、保险丝、灯丝、电器件是否漏电、或接触不良，还可通过测量电阻、电压、电流、注入相应的信号，更换有疑问的元器件来排查。

⑦ 对读数部位出现的指针变形、标尺刻度磨损、漆皮脱落、模糊不清、显示器电信号中断、或电参数异常影响正常显示和精确读数的要进行更换。

⑧ 仪器拆卸：通过分析判断仪器，如确有故障，方可进行拆卸，且在动手前要仔细观察各种零部件的相互装配关系，装配精度和拆卸程序，对复杂零部件的拆卸最好作记录，以防复原时出现差错。对不易拆卸的零部件不要强行拆卸，应选用橡胶（塑料或木质）锤，轻轻敲击使其稍有松动后再拆卸。对金属、橡胶、玻璃、磁性体等不同材质的零部件，应分开存放，同时要防止丢失，尤其是被磁化后会影响使用，对不是必须拆动的零部件决不要轻易拆动，对自己没有把握解决的故障最好请专业机构进行修理。

⑨ 检修后的装配：通过对破损、残缺、变形、变质、锈蚀、磨损、断裂、松动、泄漏等故障的零部件，进行更换与修复后的装配复原，要按原样程序复位，注意正反面和上下方向不能颠倒，装配精度要保证在公差范围之内。要求处于水平状态（零位）的不能省略不调，该用润滑油的要注意所用润滑油的型号和注油的先后次序不要颠倒。

仪器修复安装调试完，要对其进行空载和实载试运行，对直接影响涉及

计量读数的还应请标准计量部门检定，以保证仪器检测出的数据和仪器性能参数都符合要求，对操作使用情况要作鉴定，并做好记录存档。

十、 ZC-48 型瓦楞纸板戳穿强度测定仪零点调节原理及注意事项

1. 零点的调节方法

除去摆上的重砣和试样夹板，然后将指针拨至最大值处，把摆置于开始试验位置，推动释放手柄，摆即摆动，这时，指针必须指在零点。否则，用摆上的零点调节螺丝调节，在更换不同质量的重砣时，零点需重新校对。

2. 零点的调节原理

由整机工作原理得知，当除去摆上重砣和试样夹纸板后，推动释放手柄，摆即摆动，且带动指针由最大点指向零点，摆系在无负荷摆动时，指针偏角 β 由 0 转为 $90°$，也就是能量由最大值归为零点。

3. 影响指针归零的因素分析

影响指针归零的主要因素是指针摩擦力与摆轴的摩擦力，如何调节与降低指针摩擦力与摆轴轴承的摩擦力，是正确使用与保证所测数值准确性的重要环节。

（1）指针摩擦力　指针摩擦力的大小，对指针归零有重要影响。指针摩擦力，主要靠指针调零螺丝系统来调节，为确保合适的摩擦力，必须使钢球、摩擦轴、调整丝的中心线与套、指针轴、轴承法兰啮合处的径向轴心线处于同一平面内。并且要保证套、钢球、摩擦轴、指针轴配合精度达到 $R_a1.6\mu m$ 以上，才能使指针在工作过程中平稳移动，不产生跳动。

① 对于调整螺丝系统容易出现的钢球与套不能完全啮合，导致影响指针摩擦力的问题，在生产过程中，主要靠保证轴承法兰和摩擦轴的零件加工精度及装配时套在指针轴上的位置调整，使钢球与套啮合的中心径向平面处于指针轴啮合中心径向平面内。

② 对于套、钢球、摩擦轴、指针轴配合面的表面清洁度，则通过选用精度标准轴承内环代替套，选用高精度标准钢球及研磨摩擦轴啮合面，磨削指针轴配合面等方法，来保证设计要求。

戳穿强度测定仪指针系统摩擦阻力造成的能量损失，按如下程序检查：将指针校对零位，并置于零位，然后令摆做 1 次无负荷摆动，指针将被推离零位，指针被推离的位移量不超过 3mm，指针安装的摩擦力应使指针能平稳地移动而没有跳格。

（2）摆轴摩擦力及空气阻力　在摆释放 1 次摆动中所造成的能量损失，不应超过量程最大值的 1%，即在不加负荷时将摆体做 1 次释放，令其自由

摆动，由开始摆动至完全停止，摆动次数不应少于 100 次。

合适的摆轴摩擦力，主要通过选用高精度的轴承来保证，一般选用 C 级精度轴承。此外，还要保证轴承清洁和有油膜。在装配时，用汽油或柴油清洗，并适量注入仪表油润滑，每个轴承每次滴入 3～5 滴即可，其系统滑动旋转部分，可注入 20 号机油润滑，由于空气阻力较小，可忽略不计。

4. 零点调节的注意事项

① 指针对零的调试，若使用频繁，一般几天检查 1 次，用户可根据情况自行确定检查周期。

② 摆系释放手柄应灵活，保险销使用可靠，释放装置不对摆锤施加任何加速或减速。

③ 摆体主轴承指针轴需要按期清洗，洗后注入适量仪表油，以确保摩擦力的合理，摆及滑动旋转部分，可定期注入 20 号机油润滑。

第四节　设备维修

一、 常用维修工、器具

1. 工具

活动扳手、呆扳手、扭力扳手、钳子、锤子、撬棍、台虎钳、V 形铁、钻夹头、锉刀、铲刀、刮刀、铁砂布、研磨工具。划线工具（划针、普通划规）、样冲、拉钩（拉马）、锯弓、吊葫芦、手提砂轮机、手电钻、短紫铜棒（或短铁棒）、万用表、电笔、测温仪等。

2. 量具

游标卡尺、内外直径千分尺、内外卡、厚薄规、水平仪。

3. 工具使用过程中要注意的几个问题

钻孔（几个步骤、扩孔要求等）、弯管（充沙、辅助热弯）、锯管（步骤及锯条的保护）、錾削（键槽的制作与修复）、铲刮的要求等。

二、 设备故障现象、故障部位查找与判断方法

1. 设备故障现象收集

一般的故障有磨损、发烫、烧蚀、噪声异常等，其原因多半是润滑不到位，平时缺乏保养和未及时检修产生的。作为一般纸箱生产企业都缺现代机械故障诊断仪，多数情况下只能是通过人体的体感，结合故障表象从声音、温度、振动、压力等方面进行判断。

查找机械设备故障常用的诊断方法，可采取问、听、摸、嗅、代、查和

拆，针对故障现象联系上下部件和关联因素去思考解决问题的最佳途径和措施。

通过如下手段查找故障源，再根据收集到的信息资料分析产生故障的原因和部位。

① 问：对设备使用情况、故障现象、已检查部位进行初步了解。

② 听：对设备出现的杂音、异常响声进行听诊，也可用长杆听诊棒听轴和机体传出的异常响声。

③ 摸：用手触摸轴承箱、气缸、机体，以判断振动、温度是否异常过高，皮带是否过松、过紧，对水、油、胶等液态或压缩空气的输出压力，用手堵塞进出口判断输送是否正常畅通。

④ 嗅：对设备故障部位附近出现的异常气味、焦味进行分析判断故障可能产生的部位。

⑤ 代：对有疑问的部件可用合格的部件替换进行验证，判断故障。

⑥ 查：对电气故障可用查的方法进行诊断，可从线路、器件和带有系统性质的工作路线检查故障，从动力源查到执行机构，或从前查到后，或从中间开始查找故障。

⑦ 拆：当不能准确判断故障发生部位时，可以拆掉某一部分功能进行检查，如怀疑空压机的空气滤清器堵塞时，可以拆下滤清器芯再试机，如果故障消除，说明故障就在这里。

还可以从设备工作原理分析故障部位。如瓦楞辊磨损判断方法，用棉球蘸取碘酒均匀地涂在瓦楞纸的所有楞峰上，纸面立即就会出现蓝色的弧线。如果瓦楞受到磨损，弧线会出现有的宽，有的窄，甚至有的出现断线；如果瓦楞未受到磨损，所呈现的蓝色弧线均匀一致，且不会出现断线。根据蓝色弧线的显示情况就能一目了然地判定楞峰的磨损程度。

2. 实验性运转诊断故障

为了从故障产生的许多因素中，准确判断故障产生的位置及主要原因，常采用实验方法进行诊断，该方法具有简单易行的特点。在实际工作中，常用的实验诊断方法有隔离法、替换法、对比法、试探法、测量法和综合法。

3. 故障原因分析

根据收集到的资料，分析导致故障产生的原因及故障部位，如因磨损、锈蚀、松动、堵塞、泄漏、变形、断裂、残缺，导致设备运行不正常，出现声音、温度、振动异样情况。判断故障部位时，一定要紧密结合设备的具体结构、特点，参考各方面的信息加以综合考虑，再根据这些因素分析判断故障部位，然后检查验证诊断结论。在验证时先用排除法，排除一些次要因素，这样可减少维修工作的盲目性。

单面瓦楞机故障排除方法举例。

现象：A 瓦楞纸与里层纸出现大面积不粘。

排查方法：先检查胶盘，盘内有胶、施胶辊有胶，对影响施胶辊与瓦楞辊间隙的三个部位进行调整后故障仍未消除，对上瓦楞辊两个气缸进行检查发现南边气缸加气压后气缸不动作，对进气管进行检查有压缩空气，怀疑是气缸被油污泥堵塞，打开气缸端盖加机油进行清洗，再打开气缸开关供气、气缸有动作，A 瓦楞纸与里层纸不粘的故障排除。

引起横向无规律倒楞的原因还有：浆盘无胶、上浆辊的一端轴承破损、上浆辊磨损、浆盘未锁死脱位、上下瓦楞辊的气缸压力不够、无气压或气缸内被油污堵塞、吸附的吸风量不足、瓦楞辊磨损、瓦楞辊不平行、瓦楞辊轴承磨损（走内圈）、压力辊轴承磨损、变速连接器损坏、瓦楞辊温度不够。

第五节 维修拆卸、 清洗与检查

一、 拆卸

机械设备的拆卸步骤基本上是按照与装配相反的顺序和方向进行，一般先装的零件后拆，后装的零件先拆，先将设备分解成几大部件再将几个部件拆成零件，一般按由表及里、先上后下的顺序拆卸。

拆卸工作中，应根据零、部件的不同特点，选用合适的工具和方法。常用的拆卸方法有击卸法、拉卸法、温差法顶压拆卸法和破坏性拆卸法等。

1. 击卸法

击卸法是利用手锤敲击，把零件拆下。该方法工具简单，操作方便，适用的场合比较广泛，一般的零件几乎都可以用击卸法拆卸。但如果操作方法不当，容易使零件受到损伤或破坏。拆卸时应注意以下几点。

① 根据零件的尺寸、质量及配合的牢固程度，选用质量适当、安全可靠的手锤；

② 必要时对被击卸的零件采取保护措施，通常用铜棒、胶木棒、木板等保护击卸部位；

③ 首先对被卸的零件进行试击，如果听到坚实的声音要停止击卸进行检查，看是否由于拆出方向相反或由于紧固件漏拆引起的。一般轴上的轴承拆出方向总是朝向辊的外端。

2. 拉卸法

拉卸法是利用拉马或拔销器等，采用静力或不太大的冲击力把工件拆下，这种方法不容易损坏零件

3. 温差法

温差法是用加热包容件或冷却被包容件，利用零件的热胀、冷缩减小过盈量，使零件容易拆下。

4. 顶压拆卸法

顶压拆卸法是利用机械或拆卸工具与零部件作用产生的静压力或顶力拆卸零件的方法。常用螺旋 C 型工具、手动压力机或油压机、千斤顶等工具和设备进行拆卸。

5. 破坏性拆卸法

破坏性拆卸法是拆卸相互咬死、严重锈牢及焊、铆等固定连接时采用的不得已的措施。一般采用车、锯、錾、割等方法，破坏结构中的次要零件，而将主要的零件分解出来。在这里特别提一下，不要用气割的方法进行拆卸，因为这种方法有可能损坏主要零件。

6. 对断头、生锈、打滑螺钉的拆卸方法

（1）断头螺钉的拆卸　断头螺钉露在外面，可在其上面锉一扁口。再用扳手拧出，或锯槽后用螺丝刀拧出。也可在螺丝边上用錾子慢慢按照逆时针方向冲、或沿径向用电焊焊上一根铁棍或在断头螺钉上焊接一个方螺母，将断头螺钉拧出。或用一个比断头螺丝直径细 3~4mm 的钻头在断头螺丝中间钻一个孔，然后用一个方形略带锥度的方钢砸进去，用扳手松动螺栓，这种方法较好用。断头螺钉仅露出少许，可在露出部分锯一槽口然后用螺丝刀拧出。在塑料部件的断头螺丝可用少量 502 胶水将另一螺丝黏住断头螺钉，等胶水完全硬化后将螺丝拧出。

（2）锈死螺纹的拆卸　可先用方顶铁锤敲击锈蚀的螺母，让锈震掉一部分，淋煤油浸透，用铁锤和平头螺丝刀在螺丝顶部垂直方向冲击一个 V 形槽，再用一字螺丝刀将锈螺丝取出。或用电焊焊上一根长的铁块（铁块与螺丝直径同方向）将螺丝拧出。

（3）内六角螺丝打滑或断头螺钉埋在里面的拆卸方法　可选用一个与螺钉螺纹内径相当的钻头，将螺钉头全部钻掉，待机盖打开后再取出残根，然后用同类丝攻复一下扣即可。用喷灯或气焊炬对螺母加热，使之受热膨胀后迅速拧松。

二、 清洗

拆卸后零部件的清洗包括清除油污、水垢、积灰、锈层以及旧涂装

层等。

1. 清除油污

零件上的油污，一般使用擦洗、浸洗、喷洗等。用人工把零件放在装有煤油、轻柴油或化学清洗剂的容器中，用毛刷刷洗或棉丝擦洗。清洗时，不准使用汽油，如非用不可，要注意防火。

清洗剂（碱性化学溶液）是采用氢氧化钠、碳酸钠、磷酸钠和硅酸钠等化合物，按一定比例配制而成的一种溶液。

有机溶剂主要有煤油、轻柴油、丙酮、三氯乙烯等。

三氯乙烯是一种溶脂能力很强的氯烃类有机溶剂，稳定性好，对多数金属不产生腐蚀。企业产品大批量高净度清洗，有时用三氯乙烯溶液来脱脂。

清洗油污需注意的事项如下。

① 零件经清洗后应立即用热水冲洗，以防止碱性溶液腐蚀零件表面。

② 零件经清洗，再干燥后应涂机油，防止生锈。

③ 零件在清洗及运送过程中，不要碰伤工件表面；清洗后要使油孔、油路畅通，并用塞子堵塞封闭孔口，以防止污物掉入，装配时拆去塞堵。

④ 使用设备清洗零件时，应保持足够的清洗时间，以保证清洗质量。

⑤ 精密零件和铝合金零件不宜采用强碱性溶液浸洗。

⑥ 采用三氯乙烯清洗时，要在一定装置中按规定的操作条件进行，工作场地要保持干燥和通风，严禁烟火，避免与涂料、铝屑和橡胶等相互作用，注意安全。

2. 清除锈蚀

零件表面的氧化物，如钢铁零件表面的锈蚀，在设备修理中应彻底清除。目前，在纸箱生产设备修理中主要采用机械法除锈，即人工洗刷、擦拭、打磨，或者使用机器磨光、抛光、滚光以及喷砂等方法除去表面锈蚀。

3. 清除涂装层

清除零件表面的保护、装饰涂装层，可采用化学方法，即用配制好的各种退漆剂退漆。

退漆剂有碱性溶液退漆剂和有机溶液退漆剂。使用碱性溶液退漆剂时，涂刷在零件的涂层上，使之溶解软化，然后用手工工具进行清除。使用有机溶液退漆剂时，要特别注意安全，操作者要穿戴防护用具，工作地要防火、通风。

三、 检查

对拆卸下来已清洗的零配件和安装前的零配件根据需要，要进行以下内容检验。

① 零件的几何精度，包括尺寸、形状和表面相互位置精度，常规检验的尺寸、圆柱度、圆度、平面度、直线度、同轴度、平行度、垂直度、跳动等项目，按维修要求，有时要考虑相对配合精度。

② 零件表面质量，包括表面粗糙度、擦伤、腐蚀、裂纹、剥落、烧损、拉毛等缺陷。

③ 对零件的硬度、硬化层深度、应力状态、平衡状态、弹性、刚度、振动等也需根据情况适当进行检测。

④ 零件的隐蔽缺陷，包括制造过程中的内部夹渣、气孔、疏松、空洞、焊缝、微观裂纹等缺陷。

⑤ 零部件的静动平衡，如活塞、连杆组之间的质量，曲轴、风扇、传动轴、车轮等高速转动的零部件进行静平衡。

⑥ 零件的材料性质，如零件合金成分、渗碳层含碳量、各部分材料的均匀性、铸铁中石墨的析出、橡胶材料的老化变质程度等。

⑦ 组合件的同轴度、平行度、啮合与配合严密性等。

⑧ 零件的磨损程度，由磨损极限确定是否能继续使用。

⑨ 密闭性，如空压机缸体、缸盖需进行密封试验，检查有无泄漏。

第六节　设备零配件装配

一、 装配方法与装配精度

1. 机械零部件装配类别

机械零部件可分为标准零部件（如轴、轴承等）、非标准零部件和专用件。

2. 装配

装配又有组件装配、部件装配和总装配之分，整个装配过程要按次序进行。

（1）组件装配　将若干零件安装在一个基础零件上而构成组件，如减速器中一根传动轴，就是由轴、齿轮、键等零件装配而成的组件。

（2）部件装配　指将若干个零件、组件安装在另一个基础零件上，从而构成部件（独立机构）的操作过程。

（3）总装配　指将若干个零件、组件、部件组合成整台机器的操作过程。

3. 装配工作的要求

① 装配时，应检查零件与装配有关的形状和尺寸精度是否合格，检查有无变形、损坏等，并应注意零件上各种标记，防止错装。

② 固定连接的零部件，不允许有间隙。活动的零件，能在正常的间隙下，灵活均匀地按规定方向运动，不应有跳动。

③ 各运动部件（或零件）的接触表面，必须保证有足够的润滑。若有油路，必须畅通。

④ 各种管道和密封部位，装配后不得有渗漏现象。

⑤ 试车前，应检查各部件连接的可靠性和运动的灵活性，各操纵手柄是否灵活和手柄的位置是否在合适的位置；试车前，从低速到高速逐步进行。

二、 典型组件装配方法

1. 螺钉、螺母的装配

螺钉、螺母的装配是用螺纹的连接装配，它在机器制造与安装中使用广泛，具有装拆、更换方便、易于多次装拆等优点。螺钉、螺母装配中的注意事项如下。

① 螺纹配合应做到用手能自由旋入，过紧会咬坏螺纹，过松则受力后螺纹会断裂。

② 螺母端面应与螺纹轴线垂直，要受力均匀。

③ 装配成组螺钉、螺母时，为保证零件贴合面受力均匀，应按一定要求旋紧，并且不要 1 次完全旋紧，应按次序分 2 次或 3 次旋紧。

④ 对于在变载荷和振动载荷下工作的螺纹连接，必须采用防松保险装置。

防松的方法有双螺母防松、弹簧垫圈防松、带止动垫圈防松开口销防松、螺纹胶防松等。

2. 滚动轴承的装配

装配前需做的准备工作包括测量、选配、去毛刺、清洗、加油、注意加油孔的位置。装配过程中的注意事项如下。

① 滚动轴承的装配多数为较小的过盈配合，装配时常用手锤或压力机压装。轴承装配到轴上，应通过垫套施力于内圈端面上。轴承装配到机体孔内时，应施力于外圈端面上。若同时压到轴上和机体孔中，则内外圈端面应同时加压。

② 如果没有专用垫套，也可用手锤、铜棒沿着轴承端面四周对称均匀地敲入，用力不能太大。如果轴承与轴是较大过盈配合时，可将轴承吊放到

80～100℃的热油中加热，然后趁热装配。

3. 滑动轴承的装配

滑动轴承按形式分类，可分为动压滑动轴承和静压滑动轴承。

对滑动轴承装配的要求，主要是轴颈与轴承孔之间获得所需要的间隙和良好的接触，使轴在轴承中运转平衡。滑动轴承的装配方法如下。

① 将加工合格的轴套和轴承孔去毛刺，并擦洗干净，在轴承外径或轴承座孔内涂抹机油。

② 根据轴套的尺寸和配合过盈大小选择压入方法，将轴套压入机体中。若尺寸太大或过盈量较大，则宜用压力机压入或用拉紧夹具把轴套压入机体中。压入时，应注意轴套上的油孔与机体上的油孔对准。

③ 在压入轴套之后，对要承受较大负荷的滑动轴承的轴套，还要用紧定螺钉或定位销固定。

④ 在压装后，要检查轴套内孔，若内孔缩小变形，可用铰削或刮削等方法对轴套进行修整。

4. 密封件和液压装置的装配

密封件失效的具体表现为漏水、漏油、漏气、漏胶等。主要原因是磨损、老化、变形、腐蚀、装配损坏。密封件装配和液压装置装配过程中的注意事项如下。

① 安装前，先检查密封是否完好，密封面不能有划痕，是否光滑平整、安装密封部位的轴或轴套密封端盖的精度是否符合要求。

② 装配过程应在干燥、无尘、清洁的工作环境下进行，将轴表面、密封腔部位及密封件清洗干净。

③ 为了减少摩擦阻力，在辅助密封件接触表面涂一层清洁的润滑油，但必须注意，当选用乙丙橡胶作辅助密封件时，切勿与矿物油或脂类相接触，可用水或肥皂水清洁和润滑。

④ 在安装过程中要轻拿轻放，保护好密封面，严禁磕碰、敲打、密封装配完毕，更不能敲击、撞击轴、轴套、密封端盖等，以免摩擦破损。

⑤ 静环应垂直平稳压入端盖孔内，切勿敲打，装有静环的密封盖往轴上穿时一定要小心，不要碰上轴头或轴台，以免磕静环。拧紧螺丝时，必须受力均匀，不得拧偏。

5. 键、销连接的装配

(1) 花键连接的准备工作

① 消除键和键槽毛刺，以防影响配合的可靠性。

② 对重要的键，应检查键侧直线度、键槽对轴线的对称度和平行度。

③ 用键的头部与轴槽试配，保证其配合。然后锉配键长，在键长方向普通平键与轴槽留有约 0.1mm 的间隙，但导向平键不应有间隙。

④ 配合面上加机油后将键压入轴槽，应使键与槽底贴平。装入毂件后半圆键、普通平键、导向平键的上表面和毂槽的底面应留有间隙。

（2）紧键连接的装配

① 紧键连接主要指楔键连接，楔键连接可分为普通楔键和钩头楔键两种。键的上表面和毂槽的底面有 1：100 的斜度，装配时要使键的上下工作面和轴槽、轮毂槽的底部贴紧，而两侧面应有间隙。键和轮毂槽的斜度一定要吻合。钩头键装入后，钩头和套件端面应留有一定距离，供拆卸用。

② 紧键连接装配的要点是：装配时，用涂色法检查接触情况，若接触不好，可用锉刀或刮刀修整键槽底面。

（3）花键连接的装配　按工作方式，花键连接有静连接和动连接两种形式。

花键连接的装配要点是花键的精度较高，装配前稍加修理就可进行装配。静连接的花键孔与花键轴有少量过盈，装配时可用铜棒轻轻敲入。动连接花键其套件在花键轴上应滑动自如，灵活无阻滞，转动套件时不应有明显的间隙。

（4）销连接的装配　销连接有圆柱销连接、圆锥销连接、开口销连接等种类。销连接的装配要求如下。

① 圆柱销按配合性质有间隙配合、过渡配合和过盈配合，使用时应按规定选用。

② 销孔加工一般在相关零件调整好位置后，一起钻削、铰削，其表面粗糙度为 $R_a 3.2 \sim 1.6 \mu m$。装配定位销时，在销子上涂机油，用铜棒垫在销子头部，把销子打入孔中，或用 C 形夹将销子压入。对于盲孔，销子装入前应磨出通气平面，让孔底空气能够排出。

③ 圆锥销装配时，锥孔铰削深度宜用圆锥销试配，以手推入圆锥销长度的 80%～85% 为宜。圆锥销装紧后大端倒角部分应露出锥孔端面。

④ 开尾圆锥销打入孔中后，将小端开口扳开，防止振动时脱出。

⑤ 销顶端的内、外螺纹，便于拆卸，装配时不得损坏。

⑥ 过盈配合的圆柱销，一经拆卸就应更换，不宜继续使用。

第十二章　安全生产

安全生产要遵循"安全第一、预防为主、综合治理"的方针，以隐患排查治理为基础，减少事故发生，保障人身、设备和财产安全，保证生产经营活动的顺利进行。通过建立安全生产责任制，制定安全管理制度和操作规程，排查治理隐患和监控重大危险源，建立预防机制，规范生产操作行为，使各生产环节的人、机、物、环处于良好的生产状态。

安全生产的目的是把所有的生产经营活动，制订成大家都要共同遵守和重复使用的活动规则和程序，通过规则与程序排除和控制潜在的安全隐患，最终达到"最佳的生产秩序、最好的经济效益和全体员工的人身安全"。

一、　安全生产的重要性

生产必须安全，安全能促进生产。安全生产不仅指劳动者的人身安全，同时还包含机器、设备、电器、工具、产品质量、防火、防爆和职业病的预防。

纸箱生产是一个环保产业，所用燃煤锅炉产生的煤渣、粉煤灰、洗印刷机水墨产生的废水和自动线黏合剂循环系统产生的废水量虽然不是很多，但也应做好环保处理。同时，纸板线蒸汽使用后产生的冷凝水也应做好回收利用工作。

二、　安全管理机构建设

作为公司层面应成立安全生产管理小组，配备安全生产管理人员。班组长为小组第一安全责任人，机台操作工为本机台第一责任人。

三、　安全管理机构中各部门及人员职责

公司主要负责人要全面负责安全生产工作，履行安全生产义务，并建立安全生产责任制，明确各级人员和岗位的安全生产职责。

企业根据自身安全生产实际，制定总体和年度安全生产目标。按生产经营中的职能，制定安全生产指标和考核办法，也就是安全指标（如重大事故为 0，轻伤事故 0.02%）。

个人安全职责与要求如下。

① 自觉遵守各项安全生产规章制度，不违章作业，并劝阻他人的违章作业行为；

② 精心操作，认真做好各种记录；

③ 能正确分析判断和处理各种常见问题与故障；

④ 按时巡回检查，发现异常情况应及时处理和报告；

⑤ 加强文明生产，正确使用，妥善保管各种个人的防护用品和操作工具；

⑥ 积极参加各种安全活动，并提出安全生产的合理化建议，拒绝违章作业。

四、 制定安全生产规章制度

安全生产的规章制度至少应包含下列内容。

① 安全生产职责，指高层、中层直到班组机台的安全职责。

② 资源投入，指投入人员、资金、设施、材料、技术和方法。安全生产投入按规定提取安全费用，专项用于安全生产，并建立费用台账，如劳保用品、消防器材与设施。

③ 文件和档案管理，指要制订安全规章制度和操作规程的编制、使用、评审和修订程序，要建立安全生产过程、事件、活动、检查的对应记录，隐患排查与治理。

④ 安全教育培训指安全教育培训要定期制定培训计划，做好培训记录，建立安全教育培训档案，并对培训效果进行评估和改进。

⑤ 安全设备设施的验收、报废、施工和检维修管理，危险物品及重大危险源管理、作业、防护用品的管理，应急管理和事故管理等都要制订相应的规章制度。

⑥ 特种作业人员管理，从事特种作业的人员（如司炉工、电工、叉车司机、焊工等）应取得特种作业操作资格证书，方可上岗作业。

⑦ 擦拭机械设备产生的含油废物，如含油手套、纱线可用于燃煤锅炉引火，其好处有两个，一是避免污染环境；二是废物利用。

五、 安全生产操作规程

企业要根据本单位的生产特点，编制各岗位安全操作规程，如单面机、双面机、输出、制胶、印刷开槽、钉箱、粘箱、切纸、覆膜、贴面、模切、分纸等，并将操作规程全部挂到对应岗位和机台上，并要组织员工学习。

1. 生产设备设施

生产设备设施的建设指所有设备设施应符合有关法律法规和标准规范的要求。

（1）设备、设施运行管理 要有专人负责管理所有设备、设施，并建立台账，定期检维修。调试设备一定要在关掉电源的状态下进行。对设备、设施检维修前应制定方案。检维修方案要包含作业行为分析和控制措施。检维修过程中应执行隐患控制措施并进行监督检查。

安全设备设施不得随意拆除、挪用或弃置不用。确因检维修拆除的，应采取临时安全措施，检维修完毕后要立即复原。

（2）新设备、设施验收及旧设备的拆除与报废管理 新设备、设施验收及旧设备拆除与报废，应符合有关法律法规和标准规范要求。拆除的设备、设施应按规定进行处置。涉及危险物品的，需制定危险物品处置方案和应急措施，并严格按规定组织实施。

2. 作业安全控制

对动火作业、受限空间内作业、临时用电作业、高处作业等危险性较高的作业活动实施作业许可管理。

（1）作业行为管理 对作业行为隐患、设备、设施的使用隐患、工艺技术隐患要进行分析，并采取预防控制措施。

（2）职业健康管理 对各种防护器具应定点存放在安全、便于取用的地方，由专人负责保管，定期校验和维护。对现场急救用品、设备和防护用品进行经常性的检维修，定期检测其性能，确保其处于正常状态。

六、 制订安全教育培训计划

企业安全教育可分为管理人员安全教育和一般操作人员的安全生产教育。

1. 管理人员安全教育

公司的主要负责人和安全生产管理人员必须具备与本单位所从事的生产经营活动相适应的安全生产知识和管理能力，才能分管安全工作。同时，公司要对安全管理人员的安全生产知识、法律法规知识和管理能力进行培训考核，考核合格后方可任职。

2. 一般操作人员安全生产教育

企业应对操作岗位人员进行安全教育和生产技能培训，使其熟悉有关的安全生产规章制度和安全操作规程，并确认其能力符合岗位要求。未经安全教育培训，或培训考核不合格的员工，不得上岗作业。以下四种人必须要经过安全教育培训才能上岗。

① 新入厂人员在上岗前必须经过公司、车间和班组三级安全教育培训；

② 在新工艺、新技术、新材料、新设备设施投入使用前，要进行安全教育和培训；

③ 操作岗位人员转岗、离岗 1 年以上重新上岗者，应进行车间、班组安全教育培训，经考核合格后，方可上岗工作；

④ 从事特种作业的人员（如司炉工、电工、叉车司机、焊工等）应取得特种作业操作资格证书，方可上岗作业。

以上四种人的情况是组长和人事管理人员要随时掌握的情况。

七、 安全生产隐患排查和治理

包括所有与生产经营相关的场所、环境、人员、设备、设施和活动都应进排查。企业应根据安全生产的需要和特点，采用综合检查、专业检查、季节性检查、节假日检查、日常检查等方式进行隐患排查。这项工作要落实到日常生产经营之中，并做好记录。

八、 事故报告

1. 事故报告　发生事故后，应按规定及时向上级单位报告，并妥善保护事故现场及有关证据。必要时向相关单位和人员通报。

2. 事故调查和处理

发生事故后，应按规定成立事故调查组，明确其职责与权限，进行事故调查或配合上级部门的事故调查。事故调查应查明事故发生的时间、经过、原因、人员伤亡情况及直接经济损失等。事故调查组应根据有关证据、资料，分析事故的直接、间接原因和事故责任，提出整改措施和处理建议，编制事故调查报告、落实工伤待遇，并做到四不放过，即事故原因未查清不放过；责任人未受到严肃处理不放过；广大管理人员和员工未受到教育不放过；安全防范措施没有落实不放过。

九、 风险评估与安全评定监督

1. 风险评估

企业应每年至少 1 次对安全生产法律法规、标准规范、规章制度、操作规程的执行情况进行检查和评估。

2. 安全评定和监督

安全评定和监督可分企业自主评定和请外部评审两种方式。安全生产监督管理部门负责对评审定级进行监督管理。

十、 重大危险源辨识与控制

1. 危险源的辨识

重大危险源辨识与评估指对本单位的危险设施或场所进行重大危险源辨识与安全评估。可制成危险源识别一览表,同时对重大危险源要制定安全管理技术措施,经常检查督促。以下示例为××公司 OHSAS 重大风险控制计划清单。

××公司 OHSAS 重大风险控制计划清单

单位:××公司××车间   编号:×××-AQJL-002

序号	危险源	场所设施活动	可能导致的事故	危险等级	控制措施
1	机械传动部位	①纸板线②印刷开槽③钉箱④分纸⑤电锯	造成严重机械伤害;导致手指或人身严重机械伤害	3	a～f
2	①超速行驶②车况失修③行车环境恶劣	叉车作业	①造成车辆及人员伤害②撞伤行人③酒后驾驶严重伤人	4	a～f
3	减压阀失效或蒸汽管道泄漏	蒸汽管道	蒸汽喷出,产生较大噪声	3	a,b,e,f
4	①空压机噪声②储气罐腐蚀③安全阀失效	空压机	①造成操作工听力损伤②超压爆炸起火伤人③超压爆炸伤人	3	a,b,e,f
5	烧碱操作个人防护不当	危险化学品	腐蚀性强,对皮肤、眼睛造成严重伤害	3	a,c,f
6	①绝缘层失效②线路安装不规范③灯泡无安全罩	仓库电器线路	①绝缘层破损、老化引起火灾或伤人②短路引起火灾或伤人	3	a,b,c,e,f
7	设备维修不及时漏水、漏油	纸板线、印刷开槽	地面湿滑导致操作人员摔伤	3	a,b,e,f
8	①高压绝缘套鞋、胶鞋、验电笔失效②绝缘层失效	①电工②车间、班组、机台	①不绝缘会造成人员触电伤害②绝缘层破损或老化引起短路,导致起火或伤人	3	a,b,e,f
9	传送带破损	纸板线、印刷开槽	导致操作人员机械性伤害	3	a,b,e
10	未停机检修设备	机修工在各班组或机台检修	容易造成误操作,导致机械性伤害	3	c,e

续表

序号	危险源	场所设施活动	可能导致的事故	危险等级	控制措施
11	违规带电检修设备	电器检修	容易造成误操作,导致触电伤害	3	c,e
12	未在规定的"吸烟点"吸烟和乱丢烟头	仓库旁、工房内	可引燃纸等易燃物,造成火灾,导致人员物产伤害与损失	3	a,e
13	未按规定对新员工和转岗职工进行相关的安全教育培训	各生产班组	可造成操作人员伤害	3	a,e

编制: 审核: 批准: 批准日期:××××年××月××日

注:a为制定目标、指标及管理方案;b为运行管理程序;c为培训与教育;d为应急预案与响应;e为现场监视与测量;f为保持现有控制措施。

2. 警示标志

在有较大危险因素的作业场所和设备设施上,设置明显的安全警示标志,进行危险提示、警示,告知危险的种类、后果及应急措施等(如防止高温烫伤、地面湿滑注意摔倒、皮带运转防止绞手、刀口锋利警防切手等,不要用"生产不忘安全"之类模糊的口号)。在设备设施检维修、施工、吊装现场要设置警戒区域和警示标志,在检维修场所设置围栏和警示标志。

十一、 安全生产规定

1. 各机台和生产人员需要遵守的安全规定

① 各机台操作工,必须认真学习和遵守安全操作规程,提高操作技能,杜绝事故的发生。

② 开机前要认真检查设备上是否有杂物,发现有异物要及时清除,按质按量加注润滑油,保证设备运行正常。

③ 严禁酒后上岗开机,如有违章者应立即停止其工作,并报有关部门严肃处理。

④ 上班必须穿戴好必要的防护用品,严禁穿拖鞋,打赤脚。

⑤ 调试设备一定要在关掉电源、停止机器运转的状态下进行。

⑥ 新工人上机前必须进行安全操作规程教育,任何未经培训的人员不得随意上岗,以防造成人身设备事故的发生。

⑦ 吸烟必须在指定的地点,要彻底消除吸烟造成的火灾隐患,否则将作为严重问题进行处理。

⑧ 严禁在高温设备上或者工房内烘烤衣物和食物。

⑨ 消防器材必须存放在指定的地点,不准在其周围堆放任何杂物。

⑩ 车间的生产组长和值班人员要做好"三防"工作,严格抓好防火、

防盗，防止各类事故的发生。

⑪ 在严禁动火的地域烧火时，必须通知相关部门，采取防患措施，否则严禁施工。

2. 瓦楞纸箱生产各工序的通用安全规则

在生产和处理设备故障与擦拭设备前，先要关掉电源，要在停机状态下进行擦拭、保养和维修机械设备。在生产中特别是在穿纸时要严格遵守操作规程，不准戴手套，严禁机器超压、超负荷、带故障运行，启动和停机时应鸣信号通知。无论何种设备有异常，一定要先关掉总电源，以免造成烧毁机电设备和机械设备零部件损坏。在生产过程中，A楞、B楞、双面、纵切、横切、印刷的操作工，必须站在设备的操作台前，不允许离开操作台串岗到其他岗位上。

（1）单面瓦楞机操作注意事项　该机为高温作业设备，操作人员要谨防烫伤，严禁用手接近运转中的瓦楞辊、施胶辊进行操作，谨防压伤手指。应经常检查旋转接头、金属软管、蒸汽管道是否漏气。生产完毕首先将施胶辊复位，关闭抽风机，关闭热源、汽阀，将主电机调至低速。清洗施胶辊、胶盘、清除各辊筒上的纸屑、碳化的胶渣及预热器上的泥渣。打扫现场卫生，并填好设备运行记录。待瓦楞辊温度降低后停机，切断电源。

操作双面机，要随时随地观察天桥上的瓦楞纸板是否正常，特别是往热板内穿纸时，注意力要高度集中，严格按照操作程序进行操作，生产结束后必须关掉电源，在停机状态下进行设备的各项清洗擦拭。整条瓦楞纸板生产线的操作工要注意，因整条线的加热管网、管线以及不少散热部件都暴露在外，因此在生产过程中一定要认真仔细，防止被高温烫伤。

操作纵切机，特别是换规、调规、移动刀座要按程序操作，注意刀口方向，更换纵切刀片，稍不留神手指就会受伤，所以要特别小心。

（2）制胶工序操作注意事项　上班前要穿戴好防护用品，操作时如有碱液溅到皮肤上要立即用清水冲洗干净。开机前必须认真检查机器周围是否有杂物，如有，要彻底清除后方可开机。机器在运行时如有异常声音，应及时停机，待排除故障后才能开机。工作完毕，要切断电源，擦拭设备，冲洗制胶桶，清扫现场。

（3）柔性树脂版制作注意事项　四氯乙烯有特殊的刺激性气味，受高热或燃烧发生分解，放出有毒气体。在四氯乙烯蒸气浓度较高的场合应戴防毒口罩。四氯乙烯的脱脂能力较强，对眼、黏膜或皮肤有刺激性。并有烧伤危险，应避免与皮肤接触。如操作时必须接触四氯乙烯，可戴涂塑手套以防护。眼睛要避开制版机内的各种紫外线光照射，以防损害眼睛。

（4）印刷机操作注意事项 印刷机岗位操作要注意三点，一是进纸部分，如在印刷长片时，绝不允许戴手套进行操作，因为这样容易把手挤伤；二是开槽部分，要按程序操作，开槽刀和分纸刀的刀口都很锋利，极易伤手；三是捡废纸的操作工，废纸掉在传送带上千万不能用手去清理废纸，因设备在高速运转时，稍不留神手就会碰到锋利的刀口或被绞进皮带里造成伤害。

（5）钉箱操作注意事项 钉箱操作要求手脚密切配合，绝不允许在未停机或未关掉电源的情况下，用手擦拭钉箱机的机头、机身和机座。在开机状态下去动机头，极易把手钉伤，要特别引起注意。在换装新扁丝后，要注意锁好扁丝盘，防止扁丝整盘脱落砸伤人。

（6）圆压圆模切工序操作注意事项 因模切版上的刀都是带锯齿状的，特别是在后面捡片的操作工，不容许戴手套操作，要防止锯齿刀把手挂伤或把手带到模切机里压成残废。模板上卡了铲或者产品被挂坏也不准用手去抢。在开机状态下，严禁将手接近刀片和模压板。发现异常，要立即切断电源停机后方可进行操作。

（7）分纸机操作注意事项 操作前要穿紧身防护服，袖口扣紧，上衣下摆不能敞开，不得在开动的机台旁穿、脱、换衣服，或围布于身上，防止被机器绞伤。必须戴好安全帽，女同志的辫子应放入帽内，不得穿裙子、拖鞋上班。操作时，送纸板分切的手必须离刀 15cm 以上。当纸板卷入分纸机刀轴上时，必须切断电源停机清理，同时要注意手的安全。

（8）切纸机操作注意事项

① 开机前应先检查机器，做好清洁工作，每个油孔加注润滑油。

② 开机后首先检查光电保护开关是否正常、可靠，再试空刀 3 次，观察有无回刀，如发现问题，应及时排除。

③ 机器运行时，思想必须集中，同时严禁做与本职无关的事，以免分散精力。切纸机禁止两人同时操作。

④ 当机器运行时，严禁将手伸入机器内，若发生故障，严禁用手抢纸，应立即停机，在切纸刀没有回位停稳时，禁止伸手取纸，以防伤手或发生意外。

⑤ 开料或切成品时严禁超高操作，核对尺寸无误后方可下刀。当刀片刀口用钝后，应立即更换刀片，不可继续使用，以免机器负荷过重造成机器损坏。

⑥ 调节及更换切纸刀，必须停机并使用卡柄螺栓进行换刀。装好后必

须手动摇摆确认无误，再调切纸刀的切入深浅。调刀应先调高切纸刀，由浅至深细心调节好吃纸深度，然后上紧保险螺丝才可使用。

⑦ 油孔导轨等活动处最少半月加油 1 次，每天必须擦拭机器表面的污垢，使用风枪吹净表面杂物、灰尘（包括电器开关箱、电机等），清扫工作岗位垃圾，保持设备、岗位清洁（液压油半年换 1 次）。

⑧ 工具必须摆放整齐，实行岗位负责制。

⑨ 切纸机配备专人操作，其他人未经培训严禁开机切纸。

（9）机修工操作注意事项　机修人员在拆卸安装机器的墙板、轴、滚筒、支架、刀具、电机及各种部件时，一定要按安全操作程序认真操作，防止上述零部件从高处掉落或倒下，砸伤人员或损坏设备。生产过程中光线较暗的地方，必须使用低压安全电源灯照明。所有危险作业区域和设备的危险部位（如带电、齿轮、链条、刀口、锤头、高温等）都要张贴明显清晰的警告牌，设备上的各种安全防护罩要保证完好。电线、电缆、开关要按安全用电要求设置。电线与电器接头处要做好防尘、防潮、防漏水引起的短路故障。需要接地的电器必须要做好接地处理，以防造成人员触电伤亡和电器设施遭到损坏。

十二、 事故应急救援

公司层面要成立应急小组，针对重大危险源要制订应急预案，并组织应急演练，提高全体员工应对和处置重大危险事故的能力。

首先要救人，其次切断危险源，再保财产，随后要维护现场，防止次生灾害发生。这个秩序绝对不能颠倒。一定要记住"人命关天"，救人是首要的。

十三、 绩效评定和持续改进

每年对本单位安全生产标准化的实施情况至少进行一次评定。公司主要负责人应对绩效评定工作全面负责。评定工作应形成正式文件作为年度考评的重要依据。

公司发生死亡事故的应重新评定整个安防系统，应对安全生产目标、指标、规章制度、操作规程、危险源辨识、安防设施、安全教育、应急预案、劳保管理、安全评定人监督等作深入分析，并进行持续改进，提高安全绩效。

第十三章 纸箱原辅料、成品保管与盘点

　　仓库保管人员，应掌握所有入库物资的性能、特点、有效期、保管方法、注意事项与要求，认真做好物资的防潮、防霉、防尘、防锈、防热、防火、防晒、防变质，防止品种与规格混淆和质量性能下降。

　　对入库物资必须按类别、名称、规格、批次、数量、入库时间等，及时作入库验收、登记，做到账目记录、货号卡片与实物一致，按相关程序对不符合要求的物资作退货处理，并办理好相关手续。

第一节　原纸的保管

　　原纸是生产瓦楞纸箱的主要材料，因运输和装卸环节多，是一种容易损坏的材料。在搬运装卸过程中稍有大意，就会造成很大的损失，因此对原纸的装卸、搬运、储存与保管应注意以下问题。

　　① 卷筒纸在装卸搬运过程中，要防止造成卷筒纸的外层破损，破损原纸上机会导致原纸和单面瓦楞纸板的损耗加大，废品率升高，所以，储存时最好将卷筒纸竖放，用抱箍叉车装卸。无抱箍叉车，可在普通叉车叉头上装一块大铁板，铁板前部要薄，叉纸时要贴地从卷筒的侧面缓慢插入，最好使卷筒滚上叉车板，不能从端面贴地叉入，更不能在侧面或端面叉在纸上。放置也要先放低叉头，使卷筒纸轻轻滚下，不可猛抛重摔，防止将卷筒纸从车上摔下而摔扁卷筒纸。

　　② 平板纸在装卸搬运过程中，要用装卸工具平稳地将平板纸卸下，不能将夹板从车上摔下，以防造成整个夹板纸折伤，影响生产使用，并造成废次品。所以，平板纸堆码要求平放。应按不同品种与规格划分区域保管，同时要挂好标识牌进行区分。

　　③ 要将原纸放在干燥的地方，不能让原纸受潮，更不能让原纸被雨水打湿。用于彩印的白板纸，保管要注意纸张存放的条件，对仓库环境的温湿度要进行控制。纸张在高湿度的条件下，将会吸收周围的水分而卷曲变形，出现荷叶边。纸张存放在过于干燥的环境下，会导致纸张内的水分散失，使纸张变脆、易碎，并出现紧边现象。因此，应该把纸张存放在接近使用环境的地方，让纸张含水率与生产环境保持平衡，达到满足生产工艺要求的

目的。

④ 对入厂的原纸品名、规格、定量、供货单位、入厂数量、入厂时间、存放库位、入厂质量检验情况仔细建立入厂账目。

⑤ 存放原纸的仓库地面不能有砂石、砖渣、碎铁屑等硬物，要保证地面清洁。以防砂石、砖渣、碎铁屑等硬物压入原纸内，导致原纸和设备损坏。

⑥ 原纸应按入厂先后时间进行使用，保证先进厂的先用，后入厂的后用。

⑦ 原纸属于易燃物，要做好防火工作。

⑧ 每月底对库存原纸要进行一次盘点，做到心中有数，尽量减少库存积压，避免占用过多的资金。

第二节　辅料的保管

1. 淀粉

淀粉的存放地点应保持清洁、通风干燥、阴凉，严防日晒、雨淋，严禁火种。不得与有害、有毒、有腐蚀性和含有异味的物品堆放在一起，产品包装袋应堆放在离地 100mm 以上的垫板上，堆垛四周应离墙壁 500mm 以上，垛间应留有方便搬运的通道。

淀粉包装袋必须袋质结实，标签清晰整洁，袋口密封，在运输过程中无破漏和受潮现象。装卸时应轻拿轻放，严禁直接用钩扎包装袋。

2. 烧碱

烧碱有固碱、片碱和液碱之分，目前在纸箱行业使用较多的是片碱，其固碱和片碱在存放保管时一定要做好防潮防湿工作。因为在潮湿的环境中，固碱和片碱会吸潮溶化。另外烧碱有很强的腐蚀性，当不小心有碱液溅到眼睛和皮肤上时，要立即用清水彻底冲洗干净，以防造成灼伤。

3. 硼砂

包装好的硼砂要避免雨淋或受潮，不得与潮湿物及其他有色物料混合堆置，应贮存在干燥、清洁的仓库内。

4. 双氧水

双氧水为强氧化剂，本身虽不会燃烧，但与易燃和还原物接触会引起剧烈的反应和燃烧，对人的皮肤有强烈的刺激性。双氧水受热或经日光暴晒即会分解，甚至爆炸，遇碱性物质时无论在何种湿度下均很快放氧。因此，贮运时必须密封，不能与易燃品和还原剂混运，要贮存在阴凉、黑暗、通风处，以防见光分解。搬运时要轻拿轻放，当出现容器破裂或渗漏时，应用大量水冲洗。久贮会降低其含量，故不宜贮藏太久，应根据生产实际需求量采购。可加少量乙酰苯胺、乙酰基乙氧基苯胺作稳定剂。

5. 钉箱用扁丝

扁丝不要与腐蚀性和氧化性物质存放在一起，并要放在干燥的地方，避免受潮生锈。

6. 柔性树脂版的版材

柔性树脂版的版材一定要避光保存，防止日光和紫外线照射。因为经日光或紫外线照射后，严重的会使柔性树脂版感光材料聚合，导致版材报废；轻者会引起图案、文字、线条洗出来的凸凹深度不够。另外不要放在产生臭氧、电弧或有机化学溶剂的地方，以免树脂版发生反应而变性。

7. 双面压敏胶黏带

双面压敏胶黏带保管时不得与油类、有机溶剂等物质接触，应放置在离热源 1m 以外的干燥库房内。

8. 溶剂型防潮剂

溶剂型防潮剂在保管时需密封，防止挥发，注意防火，要存放在阴凉、干燥的地方，使用时需搅拌均匀。水溶性防潮剂在保管时需密封保存，防止蒸发，并要存放在阴凉、干燥的地方，防止日晒雨淋，进入冬季需放在 10℃ 以上的环境中保管，防止絮凝成团。在使用前要搅拌均匀。保质期一般为 6 个月左右。

9. 包装用聚酯捆扎带

包装用聚酯捆扎带应堆放在干燥、清洁、阴凉的库房内，不得靠近火源、热源，保持包装完整，储存期自出厂日起不应超过 1 年。

10. 塑料基压敏胶黏带（免水胶带）

塑料基压敏胶黏带（免水胶带）应贮存在阴凉、干燥的库房内，地面应有垫板，周边离墙有一定距离，防止阳光直射，远离蒸汽管道、暖气片或其他热源及腐蚀性物质。

11. 印刷挂版用聚酯膜

印刷挂版用聚酯膜应保存在清洁、干燥、通风的库房内，远离热源，避免阳光直射，电晕处理薄膜贮存期自生产日期起为 12 个月，非电晕处理薄膜为 24 个月，超过贮存期经检验合格的仍可使用。

12. 设备零配件的保管

对购入的机械设备的零部件及备品要做好数量、规格、型号和购入时间的详细记录。按规格、型号、制造厂家、购入时间、购入数量分类存放，并要做好备品配件的防锈、防尘、分类、定位、标识、领用、发放、记录等项保管工作。

第三节 纸箱生产用化学物品保管注意事项

纸箱生产所用化学品主要包括石化油料、化工原料。因其性能较为复杂，且具有各种不同程度的易燃、助燃、腐蚀等危险性，当它们受火源、日光曝晒、化学反应、遇水受潮、温湿度变化和化学药品之间的性能抵触等外界因素的影响时，会引起燃烧、腐蚀、灼伤等严重后果。因此，应根据化学品的不同性能及其危害进行分类保管，在采购化工原料时不要过量，因不少化工原料都有保质期限，应根据生产需要组织进厂。

化学品储存时的注意事项如下。

① 氧化剂与还原剂，酸与碱都应隔离存放，如高锰酸钾、双氧水不能与硫代硫酸钠和保险粉、亚硫酸钠等化学品放在一起，烧碱不能与酸放在一起。

② 易燃品一定要远离火源，如油墨、汽油、橡胶水、松节油、机油等。

③ 易燃品、氧化剂、强酸及有相互抵触的化学品，或者与消防方法不同的物品不能放在一起，如乙醚与次氯酸、保险粉与双氧水。

④ 正丁醇应用干燥、清洁的镀锌钢桶或槽车包装，桶装产品每桶净重150kg。在装卸运输过程中，应轻拿轻放，并防止日晒雨淋。应贮存于干燥、通风，温度不超过35℃的仓库内，附近不得有明火。

⑤ 对于吸潮物品，一定要注意包装严密，保持干燥、通风。

⑥ 化学品对人体有一定危害性，因此在整理、分装、使用时应按规定佩戴相应的防护用品。工作完后要洗净手、脸、漱口之后方可进食，以防中毒。

⑦ 搬运、领用时应轻拿轻放，防止摔碰、撞击，拆装操作不可使用铁制工具，宜用木器工具。

⑧ 化学物品的废料、废液、废水不要随意乱倒，以免引起环境污染。

⑨ 废油、废液、过期的油墨或者溶剂，沾有汽油和有易燃油类的擦布应放在指定的容器内，由专人负责销毁，不要随意乱丢，以免留下安全隐患。

⑩ 化学品存放仓库应与生活区或火源有一定的距离。

总之，各种化学品都有不同的理化性能，当受到不适宜的温度、湿度、日光照射、空气、水分、摩擦、火花、火星或者两种化学性能相互抵触的物质等外来影响时，会发生程度不同的变化，如潮解、风化、氧化、发热、沉淀、溶化、挥发、燃烧等。尤其是化学试剂，由于其理化性能大多数不稳定，互相抵触的情况很多，受到外界的影响时，往往容易引起变化而酿成灾害和事故，所以应引起特别重视。

第四节　成品保管

纸箱成品要避免强日光照射，否则纸箱面子会掉色，尤其是用作了色的黄板纸、茶板纸、和涂布白板纸生产的瓦楞纸箱经强阳光照射后，会出现严重变色。

纸箱入库时成品库保管员应对纸箱的外观进行目视检查，存在外观严重破损、夹杂废纸屑清理不干净的应拒绝接收入库。对版面相似尺寸相同、版面内容相同规格不同、版面相似或相同但尺寸不同的纸箱必须分开码放，避免出现混版混放现象。存放位置应考虑入库到发货时间的长短，以方便搬运、发货。

纸箱的吸潮性比较强，因此仓储时要放在距地面高度大于150mm，且干燥通风的仓库内，避免纸箱受潮发霉而损坏，纸箱保管更不能受到雨淋。要确保送到客户手中的纸箱各项性能指标不因保管不善而降低。

做好品名、品种、规格型号、客户名称、生产日期、生产数量、存放库位的详细入库建账记录，做到"账、卡、物"三统一。

第五节　物资盘点

物资库存盘点的目的是维护库存物资信息的准确性。杜绝因多记、误记、漏记、错发造成的差错，确保"账、卡、物"相符，掌握物资质量变化、存货资金占用、经济损益及经营绩效情况，将盘点资料提供给相关的管理者，以指导日常经营工作。存货盘点范围从原纸、扁丝、水墨、淀粉、烧碱、硼砂、防潮剂等原材料和包装用聚酯捆扎带、免水胶黏带、双面胶黏布等辅助物料，到瓦楞纸板、纸箱等在制品、制成品、设备的备品配件、外包加工料品、安全劳保用品、下脚料等。

盘点工作的要求是，必须从存库材料、机物料起按相关规定每月作盘点清理，彻底完整掌握库存物资存量状态。盘点时必须逐件盘点，不得漏盘、重复盘计，不准用估计或从账面上统计库存物资，同时要注意做好积压物资的盘存上报工作。

第十四章 降低纸箱生产成本、提高利润、控制应收货款的措施

第一节 降低纸箱生产成本的方法

涉及纸箱成本的因素较多，主要因素有用材品种及材料利用率、单位时间上的生产能力（包括能耗、人力成本）、产品批量、产品的加工工艺、产品质量损耗、设备维修费、设备利用率、销售费用、管理费用、材料资金占用。

① 提高原纸利用率，降低材料成本：原纸占纸箱销价成本的70%以上，要最大限度地用规格纸生产瓦楞纸板，把原纸的利用率提高到95%以上。生产排程要尽量将纸幅排满，确实无法排满的，可将超规格的原纸分切下来达到减少黏合剂，降低热能、电能的消耗。实在不能分切的，可将余料往一边留，以便用作纸箱附件或垫片，以提高原纸利用率，尽量杜绝瓦楞纸板的边角余料。另外，要严格控制自动线生产时的纸头、纸尾长度（在单面机或双面机接纸时，一定要用免水胶纸将断头处接好），要用尽筒皮筒芯。不合格的瓦楞纸板能返工的，挑选出来进行返工（如有轻微走规或漏花的产品可安排专人返工后再进行处理），将原纸筒芯收拢后卖给纸厂，纸板线的卷筒纸在工房内转运时采用专用抱箍叉车，减少原纸搬运损坏。

② 原材料采购要实行比质、比价、比交货期、比售后服务，实行优中选优，降低材料的采购成本。

③ 提高单班产品的产量，以降低能耗和人力成本。

④ 从销售上，尽量找大业务的公司，因其材料好配套，小批量产品凡能拼在一起生产的，要尽量拼在一起生产，提高生产效率，降低产品的制作成本。

⑤ 优化生产工艺：考虑产品工艺时，凡能简化生产工序的产品，一定要尽量简化生产工序和周转环节，达到节约工时和降低能耗的目的。

⑥ 将产品质量分解到班组、机台直到个人。抓好纸板线生产的瓦楞纸板平整度，减少因翘曲瓦楞纸板引起的印刷开槽走规废次品。

⑦ 抓紧设备的维护保养工作，降低设备维修费用和上班时间内停工维

修的其他损耗。

⑧ 降低库存材料数量：每月底准时对库存产品和材料进行盘点，及时将生产出来的产品尽快发出去，尽量减少资金占用量。严格控制产品的生产数量，及时做好小批量产品的收尾工作，保证全数发出去，不造成浪费。

⑨ 抓紧用能控制，必须人走关机、关灯、关水、关汽，并全部都落实到岗位和个人。杜绝水、电、汽的跑、冒、滴、漏，降低能耗费用。提前做好开班准备与收班控能工作。如对前一年的能耗进行统计，根据统计结果制定下一年的预算硬指标，要求当年的各项能耗费用必须比前一年下降5%～10%。有了明确的目标，再制定切实可行的控制措施加以实施。

⑩ 印刷开槽调规试机时，要用纸板线下来的废次品试机。杜绝用正品试机和调规。

⑪ 回收的热冷凝水用于补充锅炉加水，利用冷凝水的余热减少煤耗。

⑫ 根据上年度资金费用情况，制订本年度各项费用（产品销售量、货款回笼率、原辅料消耗率、原纸利用率、质量完成率、设备完好率、水电汽能耗、运输费、工资、机物料、办公费、招待费、员工培训教育费、安全及劳保用品等）所需资金预算，控制计划指标，并进行严格考核兑现。

⑬ 严格防止材料积压和产品积压，减少资金占用或闲置引起的损失。

⑭ 严控费用：费用包括制造费用（工资、能耗费用、机物料费、设备维修费）、管理费用、销售费和财务费用。

⑮ 查找生产经营过程中引起成本升高的途径。

a. 统计纸板线、印刷开槽、钉箱等各工序质量毛病及废品损失，控制原纸损耗率；

b. 统计制造费用；

c. 统计水、电、油、煤、汽的消耗量；

d. 统计退货损失；

e. 统计分析业务活动中的招待费用；

f. 统计分析销售费用；

g. 了解设备零配件储备情况；

h. 安全管理与设备保养；

i. 了解人员培训情况；

j. 要求各部门拿出自己的管理费用控制方案；

k. 查找资金占用、积压、闲置、延期、利息支出情况。

第二节　提高利润的途径

瓦楞纸箱厂采用以下方法节约下来的全都是利润。

① 压缩非生产性人员，减少用工量，对工作量小的岗位实行一人多项工作，并逐步增加工作量，减少管理人员编制，提高员工的工作能力，实行一岗多能，降低总工资费用。

② 使用替代材料，如粘箱可改白乳胶为低成本的淀粉混合类胶黏剂；改钉箱为自动粘箱，提高劳动生产率。

③ 印刷更换产品时，尽量把相同颜色的安排在一起生产，且按颜色由浅到深的递进方式进行，减少换色洗机次数，节约用墨量，缩短生产时间，提高工作效率。

④ 能用橡胶版印刷的不用树脂版印刷，对小批量多规格产品所用印刷版，凡能共用印刷版的要尽量共用，在制版时按规格最小的产品制作印刷版，降低印刷版的制版费用。

⑤ 对入厂原纸凡超克重、超水分、超幅宽、含砂量高的都要实行扣重量，降等降级降价收货。如果是原纸造成的产品质量问题，其损失应由纸厂承担。使用低克重、高强度原纸，降低单位面积上的原纸材料消耗。

⑥ 使用汽车运送产品时，实行运费和运输质量包干，降低运输费用。

⑦ 延迟大批量材料采购资金的支付时间，减少利息支出。

⑧ 加速货款回笼，减少外欠货款和应收账款的数额。

⑨ 纸箱打包用自动线下来的边角料衬垫或者用卷筒纸的筒皮筒芯做衬垫。

⑩ 使用自动化程度高的设备，提高工效。

第三节　严格控制应收货款措施

产品发给顾客后，该收回的资金尚未收回的为应收款。其中，逾期6个月至1年的为难收款，超过1年的为呆账。在企业资产经营中该项债权资金不宜过多，年末应收款要控制在15％以内。如果比例过大，不但会影响资金的正常周转，而且极易产生不良资产，形成呆账或死账。这是企业管理层与有关营销和财务部门必须注意的，并要实行严格控制的财务风险。

一、　导致应收款过多的原因

导致应收款过多的原因如下。

① 只凭人际关系，忽略了与需方签约，而是到一定期限后去收款，处

于被动状态。

② 企业自身的产品质量有问题，如产品的外观质量（如印刷内容、墨色等）、用料、物理性能、规格不符合需方要求，导致顾客不满意而拖欠货款。

③ 合同条款签订不佳，如技术要求，验收标准，交货地点，交货日期，价格，付款方式，违约责任不详细，规定不明确，导致顾客拖欠货款。

④ 对顾客意见没有及时处理，服务工作不周到、不及时，影响顾客使用，顾客提出货款拒付。

⑤ 因仓储、保管、运输产生的产品淋湿、破损、遗失或数量差错而导致货款延迟收回。

⑥ 因顾客产品销售不畅、积压、降价"三角债"，考虑到双方协作，在无奈的情况下推迟收回应收款。

⑦ 顾客恶意拖欠货款，故意对产品挑毛病、找缺陷、夸大事实，借故大打折扣，要求索赔而拒付货款。

⑧ 顾客因停业、转资、业主变更、转包后有账不认，导致货款无着落。

⑨ 由于顾客经营亏损、资不抵债、企业倒闭、或因国家政策性调整令其停止生产、业主服刑、企业查封等情况而导致货款无法支付。

⑩ 天灾人祸、突发性事故导致经济崩溃，有效证据被毁而无法收回货款。

二、　减少和控制应收货款的措施

① 健全营销制度，与每一位业务员签订责任书，把签订销售合同和催收货款列为主要工作职责进行考核，并按每批货款到账情况进行计息提奖和处罚。超期未回的货款计滞纳金或按比例扣罚。对不认真签订合同或者合同条款不详引起纠纷的，对应收款无故延误收款有利时机的，加重追究当事人的经济责任。对向顾客收受好处而导致货款收不回的作违纪处理，情节严重的依法惩处。

② 加强日常管理：供应、生产、技术、质检等部门要紧密配合，按质、按量、按期、按付款结算方式向顾客交货，财务部门与销售部门要密切配合，对已发出的产品及时开具发票结算和催收货款，并及时处理好顾客的投诉和异议。

③ 强化质量管理，避免因质量问题引起纠纷。

④ 跟踪顾客的经济运行和经营状态，如企业法人、企业性质是否变更，从网上搜索当地省、市国（地）税、工商、金融、商检、技术质监、海关、

劳动、统计、公检法等管理机构掌握和公布的"企业信用发布查询系统"信息资料，不断获取有关顾客的最新信息，并进行分析研究货款回笼的可能性，预防和杜绝呆账和死账。避免与缺乏诚信或有不良记录的顾客建立供需关系，减少经营风险。同时采取适当方式，了解欠款方开户银行、账号、资金存量、设备、厂房、车辆及有价库存物资存量，所有权归属是否作过抵押。当发现欠款方存在无力支付货款的可能性时，应抓紧研究采取各种有效措施减少损失。如用等价物资抵款或采取法律手段催回货款。

⑤ 对不明底细的小企业和新顾客采取现款现货的方式进行交易。

⑥ 对于我方债权明确，采取常规催款方式无法收回的应收款，当发现欠款方财务已无力支付，而还有财产可抵款时，应主动提出财产抵款。对方不同意财产抵款时，要尽快向当地经济法庭或原合同（契约）签订地法院，提供有关原始经营往来财务凭证进行诉讼。申请依法裁定，若抵款财产存在质量问题或抵款产品存在有效期等因素使得变现风险加大时，应要求抵款前折价，以减少贬值造成的损失。执行财产抵款时力求请法院协助，以免与欠款方发生不必要的争端。同时要注意，被长期拖欠的应收货款，要保存好每次催欠证据和欠款方所作承诺的凭证。法律认可的经济债权，债务诉讼时效期为两年，超过这个时效期收款会更被动。对认为有希望收回的应收款或抵债实物，应在有效期内向人民法院诉讼，必要时还可提出请求对欠款方的财产诉前保全。

第四节　抓班组核算控制各种消耗

将加工产品所需的各种材料、能耗指标分解到对应的班组机台，成为班组机台的材料、能耗、产量、质量、设备维护、现场卫生、安全等考核分值指标，并与各班组长签订班组降成本目标考核责任书。建立班组成本管理台账，及时掌握班组物料的消耗状况，检验成本控制措施是否有效，对照指标考核后，按考核实得分值计发员工奖金，将员工收入与经济效益直接挂钩。对未完成考核指标的班组，按目标责任书进行处罚，同时将是否完成班组成本目标作为各班组评先创优的一项重要考核依据。

第十五章 纸箱生产企业人员素质要求

优秀的企业是管理出来的，要管理好一个企业靠人才，而人才是现代企业竞争的关键一环。对优秀的人才可从外面引进，而大批适用人才得靠企业自己培养。

企业对员工的培训可请相关方面的专家针对企业急需的知识对相关人员进行授课，或采取引进急需人才的办法解决。将企业无能力培训的执业人员（如电工、叉车司机、司炉工、机修人员）可送出去接受专门的业务培训来提高工作能力或从社会上直接招用。

对员工的培训工作要抓好企业年度员工的培训、使用，人才引进，培训计划的制订，教材编写审定，培训后的效果验证，对通过培训学习取得突出成绩者要给予奖励。

要制订相关人员应具备的素质要求，这既是企业培训员工的教学内容和培训课目，也是对员工工作能力的基本要求与素质要求。一个企业员工素质的高低可体现出企业的管理水平和产品在市场上的竞争能力。

对相关管理人员及岗位要制订相应的经济考核指标、责任权限以及考核兑现方案。生产经营工作中哪个方面的问题就由哪个带指标的主管签字认可。抓管理的五个环节：

① 布置工作，按部门、班组、机台、个人下达经济、责任指标进行考核；

② 跟踪检查，收集事实和证据；

③ 考核，用事实对照规定查成绩、找问题、发现不足；

④ 评价，根据考核结果作出工作评价（优、良、差）和奖罚评价；

⑤ 兑现，按规定作出兑现。对积极主动全面超额完成指标的奖励，对按部就班完成指标的给名分、对违反规定未完成指标出事者进行惩罚。

要提高管理人员素质，可要求管理人员每季度写1次工作小结，每半年写1次工作总结，并且进行相互交流。经过总结交流，可提高他们对生产过程中产生问题后的沟通、协调与处置的能力。

企业对所有人员的工作要建立相应的绩效管理制度。这里的"管"应该是用制度管人，用绩效指标考核，而不是人管人。企业只有营造用制度管人的环境，实现制度面前人人平等，管理者才能不至于担心得罪人而感到为难，一切事情也就好办了。只要做到按照企业制定的管理制度去管人，使严格的管理制度形成威慑作用，才会使员工的行为得到规范，什么可以做，什么不可以做，员工心里自然就会分明。企业员工能按制度和规定办事了，生产中的一切事情自然也就迎刃而解，产品质量就有可靠的基础，原材料消耗、生产效能的控制也能得到有效的保证。

企业各类人员的素质要求如下。

一、 生产人员应具备的素质

1. 操作工人

操作工人要熟练掌握本岗位的设备保养要求与操作规程，包括对设备的主要结构、技术性能、使用维护、日常检查、各部位的调整、调试方法，做到会用、会养、会检查、会排除简易故障，懂得本岗位所用各种材料的性质和质量要求，清楚产品工艺规程、技术规定、质量标准、会处理本机台的常见问题，并把好质量关。

2. 模切人员

模切人员要掌握模切的工具及材料性能，熟悉模切机的结构原理并能自己进行调试和加注润滑油，能读懂产品的模切展开图，会处理模切生产过程中的常见质量问题。

3. 班组长

班组长要熟悉本工段各机台的性能，掌握产品的加工工艺和质量要求与生产的产品技术标准，能准确执行并完成上级各部门下达的生产计划、任务和质量指标，能快速判断出本班组的各种类型故障及产生故障的原因，能会同有关方面解决本班组的产品质量、生产计划和人员安排问题，能杜绝各种批量性质量事故，要求有一定的组织协调与指挥能力，懂得本班组的设备维护与保养要求。

4. 生产技术及产品施工人员

要熟悉本厂各种设备的加工能力，如最大能加工多大的产品，最小只能加工多大产品，设备的单班生产能力，设备加工产品的精度，设备的配套状况，各种材料性能特点，如各种纸、墨、胶黏剂、扁丝、防潮材料的性能特点等。要精通产品加工工艺，懂得纸箱、纸盒的结构设计，有一定的绘图表达能力。熟知国家和本行业的相关标准与法律法规，并要吃透顾客对产品的各项技术质量要求、（如唛头内容、箱型结构、瓦楞方向、用料要求、物理指标、执行的标准是国家标准、行业标准或是企业标准），将顾客的要求转化成可执行的施工方案，能合理安排生产工艺流程，并制订出产品的技术标准与质量要求，能处理生产过程中的各种技术问题与质量问题。有一定的档案文件资料管理知识，对合同、墨稿、样品、样稿、施工单、材料消耗核算等会分类归档整理保管。

5. 美工及其设计人员

要有一定的绘画能力，有图案设计的基本功和美术文字设计书写的基本功，对黑体、宋体、隶书、楷书、魏体等各种字体能进行再变化、再设计。对色彩的原色、间色、复色调配规律和用色原则有一定的训练素养。能用电脑从事设计制作，能熟练使用 CorelDRAW 进行文字设计和印刷版的编排制作，能熟练使用 Photoshop 进行图像处理，会使用 Word，至少要懂得一种文字输入法（如王码五笔或者是拼音输入法）。对印刷纸板、水墨质量、墨色调配、印刷套印、印刷设备结构原理、印刷工艺要求、制版方法、排版要求等都要熟悉，并能处理制版和印刷中的常见问题。

6. 质量检验人员

要熟悉《产品质量法》《商检法》《计量法》，有一定的质量管理知识，懂得瓦楞纸箱生产所用材料与产品（瓦楞纸板、瓦楞纸箱）的各种质量标准和技术参数，熟记一些常用的质量检测项目与计量单位，懂得常用计算公式及换算方法，会用正确的抽样方法实施抽样。会操作和使用检验测量仪器（懂得检测量程、范围与操作规程），并懂得仪器设备的维护保养常识，熟练掌握各种检验测量方法与质量问题判定方法，并对检验状态进行标识，会准确快速判断质量问题产生的原因，工序和岗位能准确无误地填写各种质量报表，并会用数理统计的方法对质量问题进行分析。有极强的责任心，在实施检查过程中仔细、公证，不放过任何怀疑点且判断准确。

7. 设备维修人员

要熟练掌握本厂各种设备的结构、性能、传动方式、连接方式、装配方式、装配精度与装配公差，易损件的规格型号与数量，维护保养要求，设备润滑规范，并要求具有设备维修的基本技能，能快速准确地判断出设备故障，会熟练使用最基本的维修工具和相应的测量工器具（如：台虎钳、划针、普通划规、样冲、电钻、锯工、砂轮、简易电焊、拉钩、扳手、锉刀）检修维护设备。能读一般的机械原理图和机械装配图，熟悉一般常用金属材料的性能。

8. 电工

要懂本厂各种电器的结构、电路原理，能读懂电路原理图，会诊断和维修电器故障，进行线路敷架，懂电工电料的性能用途和安全用电与救护知识。

二、 管理人员应具备的素质

1. 供销部长

应具备收集供应商的资料，懂原辅材料的性能特点，制订原辅材料的采购计划及物流仓储管理能力。还应具备对顾客资料、顾客满意度调查、销售市场动态、货款回笼措施、物流等的分析管控能力。

2. 生产部长

应具备掌握本单位的设备加工能力、人员素质与数量、原材料的库存情况。生产进度安排、相关工序的产能衔接，现场卫生、安全生产（包括设备、人身和环境安全）的管控能力。

3. 技术部长

应具备技术改造、工艺文件和技术标准制订、解决产品质量问题、员工的操作技能培训、新材料、新工艺、新技术、新方法的应用能力。

4. 质检部长

要掌握原辅材料和产成品标准、检验标准，具有检测仪器、质量统计、质量问题处理、质量问题攻关、质量问题纠正和预防等知识。

5. 财务部长

具有成本工程管理（抓制造费用、管理费用、销售费用、财务费用、预算管理）、成本核算（包括班组核算）、资金费用预算、筹资、合理节税、资金回笼控制能力。

6. 纸板线生产组长

会班组核算、懂本班组瓦楞纸板加工设备的工作原理与常规调试方法、产品工艺及标准、常见产品质量故障的排除方法，原材料的基本常识、设备维护保养常识，有现场管理和生产组织能力、有协调解决与本组有关问题的能力。

7. 印刷开槽生产组长

要懂本班组印刷设备的加工原理与调试方法，懂产品工艺及质量标准，对常见产品质量故障会排除，知道原材料的基本常识、班组核算、设备维护保养常识，有现场管理能力和协调解决与本组有关问题的能力。

8. 钉箱生产组长

要掌握本班组设备的加工原理，会排除常见产品质量故障，懂原材料的基本常识、产品质量标准要求，有设备维护保养常识，会班组核算，有现场管理能力，能协调解决处理与本组有关的问题。

9. 仓储组长

要具有物资入库验收知识，仓储物资特性与保管常识，对物资进出账、物资数据的准确性，每月物资的盘点都精通，会定期报告积压物资，有仓库保管防火、防潮、防尘、防盗等保管安全知识。

10. 机电维修组长

对机电设备故障有分析判断能力和对机电设备的维修技能，会编制机电设备维修保养计划及零部件与工器具采购计划，对计量、能耗有控制管理能力，有组织机电设备维修，有与对相关单位沟通协调的能力。

三、 销售人员应具备的素质

瓦楞纸箱销售人员要熟知本企业加工瓦楞纸箱的生产能力，本企业规模与概况、地理位置与交通运输方式，产品执行的有关标准、质量控制手段，签订合同的注意事项与产品交付方式，发票与应收账款的办理手续，货款回收要求。市场运作规则，市场供需情况。有与顾客的沟通能力，客户分布情况及规模，产品的成本核算与产品报价，产品售后服务，并要懂得国家相关的法律法规，如产品质量法、商标法、商检法、知识产权法、消费者权益保护法、合同法等。如果不懂这些法律法规，同时对顾客的要求又未理解透彻，那么在生产经营活动过程中，容易出现业务失败或经济损失，有的还会吃官司。另外销售人员还需要有优良的爱岗敬业精神。

参考文献

[1] 张振，刘毅．造纸工业物理检验．北京：轻工业出版社，1984.

[2] 刘亚伟．玉米淀粉生产及转化技术．北京：化学工业出版社，2003.

[3] 叶楚平，李陵岚，王念贵．天然胶黏剂．北京：化学工业出版社，2004.

[4] 李士军，苏阳，刘忠伟．机械维护与修理．北京：化学工业出版社，2004.

[5] 张友松．变性淀粉生产与应用手册．北京：中国轻工业出版社，2001.